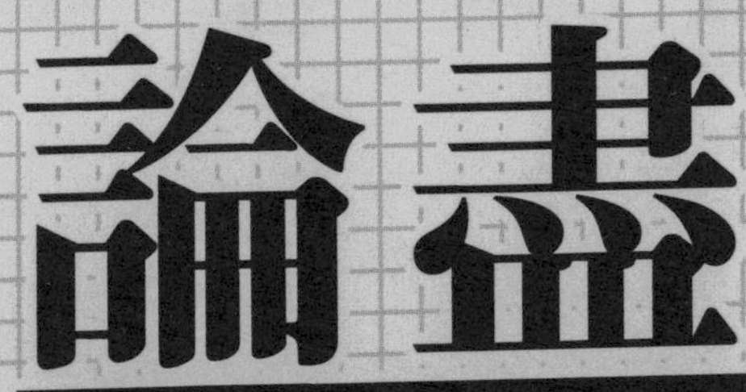

論盡科學

Mastering the Sciences

從日常科學到超次元探索的不思議之旅

【寫在前面】

論盡「真、善、美」

任何真正熱愛科幻的人，都必然熟知科幻大師阿西莫夫（Isaac Asimov）所提出的「機械人學三大定律」（Three Laws of Robotics）——

(1) 機械人不得傷害人類，或袖手旁觀讓人類受到傷害。

(2) 除非違反第一定律，機械人必須服從人類給予的任何命令。

(3) 除非違反第一或第二定律，機械人必須盡力保護自己。

筆者於中學二年級閱讀大師的《I, Robot》機械人故事集時，首次得悉這三條「定律」〔嚴格來說是守則〕。雖然事隔四十多年，興奮和澎湃的心情至今難忘。我清楚記得，我即時把它們〔當然是英文原版〕抄寫在我的日記簿之中。但事實證明，我的抄寫是多餘的，因為這麼多年來，這三大守則就像「床前明月光」這首唐詩一樣，深入腦海得可說連造夢也背得出來。

資深科幻迷當然知道，阿西莫夫乃於 1942 年的一個短篇故事《Runaround》之中，首次明確地列出這些守則。但他在之前的數個故事裡，實已流露出類似的構想。按照他本人的回憶，有關的構想，是他於 1940 年與著名的科幻雜誌編輯約翰 · 坎培爾（John Campbell）交談時受到啟發所獲得。

阿氏本人曾經解釋，他之所以建立這些守則，是有感於當時無數有關機械人的故事，皆不斷重複「機械人變得愈來愈聰明強大，最後反過來加害於它的創造者〔即人類〕」這種陳腔濫調。他認為機械人既由人所創造，人類自然不會愚蠢得讓這樣的事情發生。當然，他的立論借助了一個並無科學根據的假設，就是高智能機械人的「陽電子大腦」(positronic brain) 必須包含這三條守則，否則大腦無法運作。

你的第一個反應可能是：按照這三大守則，機械人永遠也不會起來造反，那還有甚麼有趣的故事可寫呢？

哈！你這樣想便大錯特錯了！閱讀過阿氏的作品之後，你便會由衷地佩服，他竟能在這些前提之下，創作出這麼多精彩絕倫的故事。

其實，除了第二守則外，各位不難看出，三大守則何止適用於機械人，它們不也正是古哲先賢提出的金科玉律嗎？〔阿氏晚年加上的「零守則」(The Zeroth Law) 則更牽涉深層的道德考慮，惟因篇幅關係只能按下不表。〕

筆者自幼便熱衷於尋找一切道德的起始點。西方的「黃金律」(Golden Rule) 是「你想別人怎樣對你，你便應該怎樣對待別人。」(Do unto others as you would have them do unto you.) 但所謂「一人的美食可能是別人的毒藥」，這一黃金律很有可能因此被濫用。相比起來，孔子的「己所不欲勿施於人」是較為穩妥的守則。

但「己所不欲勿施於人」畢竟太過保守了，及後之所以有孟子的「乍見孺子將入於井，不一引手救？」的「惻隱之心」以至「良知」和「義」的補充觀念。當然孔子也說過「君子之於天下，無適也，無莫也，義之與比。」那便是君子行事只看它是否合乎於「義」，其他的不必多加考慮。

於是我們便回到了問題的起始點——道德所涉及的是「應做」與「不應做」的事。那麼甚麼才應做？答案是合乎「義」的、合乎「良知」的。但甚麼是「義」？甚麼是「良知」？當然就是應該做的東西。即使還在唸小學的我，已隱隱看出這是一種「同義反覆」(tautology) 或是「循環論證」(circular argument)〔那時當然不懂這些專有名詞〕，真正的答案似乎仍然遙遠。

升上中學後，接觸到哲學家羅素 (Bertrand Russell) 的書。除了他毫不妥協的批判和求真精神外，令我印象最為深刻的，是他道出了一生中三項最大的推動力——

(1) 對知識的熱切追求；

(2) 對愛情的熱切追求；以及

(3) 對人世苦難的巨大不忍之情〔亦即對「善」的追求〕。

不用說筆者對三點都很有共鳴。但就建構道德基礎而言，啟發最大的，無疑是第三點。

經過了反覆的思索，以及總結了筆者多年的人生體會，我大概於「四十而不惑」之年，提出了以下的「人學三大守則」(The Three Laws of Humanics) ——

(1) 減眾生苦；

(2) 律一不違，添眾生樂；

(3) 律一、二不違，隨心所欲。

大膽一點說，「己所不欲勿施於人」是一個最起碼的基礎；而上述三律，則是基礎上的進一步建構。

我當然知道三律知易行難，而且彼此間不無矛盾之處〔讀過阿西莫夫的機械人故事的朋友，當然知道機械人三大守則之間亦存在諸多矛盾〕，但我仍然覺得，它們擁有珍貴的指導和判辨的價值。

但怎樣才能最有效地「減眾生苦」〔例如消減疾病帶來的痛苦〕？又怎樣不違反「律二」而「添眾生樂」？以及怎樣可以「隨心所欲」而又不違反「律一」或「律二」呢？顯然，要實踐「人學三大守則」，要求我們有高超的智慧。

我們也許都知道，「數據」（data）不等於「信息」（information）、「信息」不等於「知識」（knowledge）、而「知識」更不等於「智慧」（wisdom）。但我們必須弄清楚「充分條件」（sufficient condition）與「必要條件」（necessary condition）之間的分別。從「必要條件」的角度看，「智慧」必須基於正確的取捨，正確的取捨必須基於正確的判斷，而正確的判斷又必須基於正確的認識，而正確的認識只能來自理性的分析和科學的實踐。

也就是說，科學的探求與「減眾生苦、添眾生樂」的目標是密不可分的，對「真」的追求及對「善」的追求在最高的層次已經合而為一。

此外，同樣的關係亦存在於「真」和「美」之間。英國詩人濟恭（Y. B. Yeats）便曾經深刻地指出，「美就是真，真就是美」。

不錯，大家手上的是一本「科普」讀物，但大家千萬不要看輕「科普」〔即所謂「妄自菲薄」〕，因為它和人類對「真、善、美」的追求都是息息相關呢！

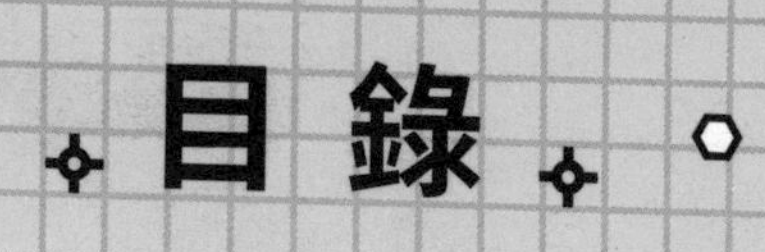

目錄

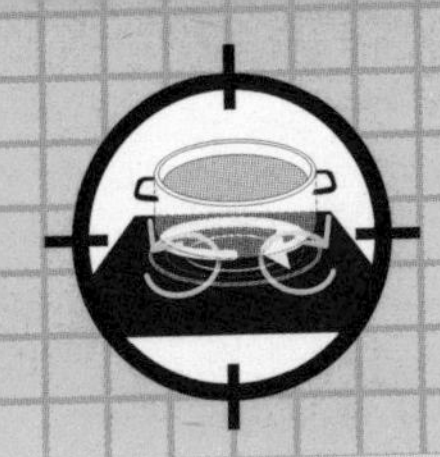

第 2 部　上天至下地的科學發現，你又知道嗎？

地球認知篇

宇宙探索篇

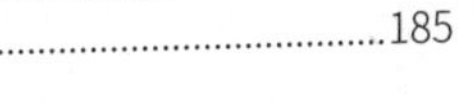

第 1 部

日常生活中的科學，你認識嗎？

生活發明篇

金石為開——生活日常用品的製造物料，你認識多少？（上）

大家有沒有想過，我們今天最常接觸的物料當中，絕大部分都是人類演化歷史上很晚很晚才出現的呢？

好！現在就讓我們對人類用過的物料作一趟扼要的巡禮吧。

原始人類的日常應用工具物料

人類的祖先與黑猩猩和大猩猩的祖先，至少在七百萬年前便已分家。在最初的數百萬年，我們祖先懂得使用的「材料」寥寥無幾，大概只有石頭和樹枝。約二百多萬年前，非洲的一些猿人開始懂得將石頭加工而變成各種石器工具〔如石斧〕，又由最初只會用樹枝進展到應用木材來製造日常用具。除此之外，獸骨和獸皮亦開始被古人類所利用。

另一種原始物料無疑是泥土，而自從人類懂得用火之後，便開始懂得烤焙合適的黏土，以製成各種陶瓷器皿和磚頭。

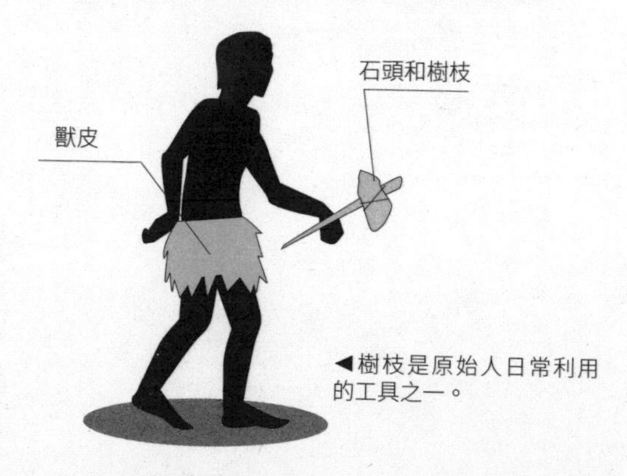

◀樹枝是原始人日常利用的工具之一。

由石器時代進入青銅時代

人類使用金屬的時間，大概只有六千年左右。最初用的是較易被發現和提煉的「銅」(copper)，發源地是古代美索畢達米亞 (Mesopotamia) 的「蘇美文明」(Sumerian civilization) 區域，亦即今天伊拉克等中東地區。

及後，人們懂得在銅之中加進「錫」(tin) 而令它變成更為堅固的「青銅」(bronze)，人類於是從「石器時代」(Stone Age) 進入了「青銅時代」(Bronze Age)。〔中國進入青銅時代，是四千多年前的殷商時期。〕

鐵的發明

「鐵」(iron) 的發現和使用，其實比銅晚不了多少，但由於從礦石中提煉鐵的溫度要比銅所需要的高出很多，所以鐵的廣泛使用，要有待依賴「鼓風技術」來提升溫度的「高爐」(blast furnace) 的發明，才得以普及。

在中國，「鐵器時代」(Iron Age) 約始於距今三千年的春秋〔東周〕時期。自此之後，鐵既用於兵器，亦用於生產〔如農耕用的犁〕；而銅則只會用於器皿和裝飾。〔一些研究顯示，人類最早用的鐵，很可能是從太空掉下來、毋須高溫提煉的「隕鐵」。〕

不鏽鋼的誕生

鐵比銅堅固，在地層中的含量也較豐富，顯然是更好的物料。但它有一個重大缺點，就是容易與空氣中的氧氣結合，從而生鏽損毀。然而，人們透過實踐發現，如果在鍛煉期間，能夠令鐵與小量的其他物質結合，便可以獲得較有耐鏽能力的「鋼」(steel)。這些小量物質包括「碳」(carbon)、「錳」(manganese)、「鉻」(chromium)、「釩」(vanadium)和「鎢」(tungsten)等。

鋼不單耐鏽，也比鐵更堅韌。古代的一些「寶劍」，其實就是透過高超的冶煉技術製造而成的鋼劍。

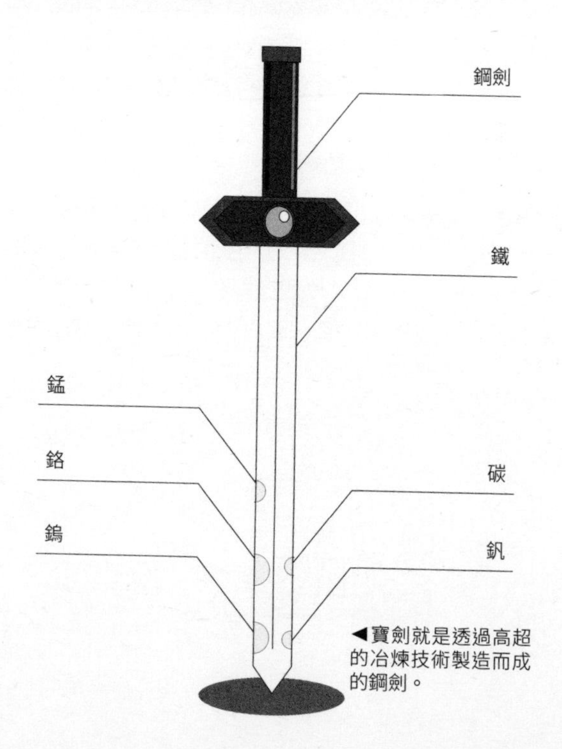

◀寶劍就是透過高超的冶煉技術製造而成的鋼劍。

玻璃的發現

在古代所用的物料中，最有趣的無疑是透明的玻璃了。人類最早用的玻璃，應是火山爆發時，因熔岩被拋到半空，受到迅速冷卻令晶體結構沒有足夠時間成長定形的「黑曜石」(obsidian)。這種自然產生的玻璃，很早便被古人類用作切割的工具。這些玻璃的主要成分，是地殼中最普遍的「二氧化矽」(silicon dioxide)〔香港人把 silicon 稱為「矽」，內地則稱為「硅」〕，也就是沙灘裡沙粒的主要成分。

至於由人類最先製造的玻璃，應是在冶煉金屬時，無意中把砂粒熔化而產生的。但因為玻璃易碎，早期的生產主要用於裝飾。較大規模的生產〔特別是用於窗戶〕，要待歐洲的中世紀時期，大量的彩色玻璃用於教堂建造才開始的。

◀歐洲的中世紀時期，教堂的建造用上大量的彩色玻璃，令玻璃開始有了大規模的生產。

「紙」於至善
——生活日常用品的製造物料，你認識多少？（中）

就文明的初期演進而言，上篇文章談到的物料中，以金屬的重要性為最高，而玻璃則最低。然而，在文明社會之中，有一種貌不驚人的物料，它在自然界並不存在，全憑人類的智慧創造所發明，它的重要性可說與金屬不遑多讓，甚至猶有過之。大家可知它是甚麼？

促進人類文明的造紙術

不用再猜了，在人類所使用的各種物料中，對文明起著最大促進作用的，無疑是中國東漢時，由蔡倫所發明的「紙」。

在這之前，世界各地也曾出現過不同的書寫用物料。但無論是古埃及的「莎草紙」（papyrus）、中國古代的竹簡、古代歐洲的羊皮等，都分別因為易於腐爛、過於笨重，以及太過昂貴等理由而無法普及。

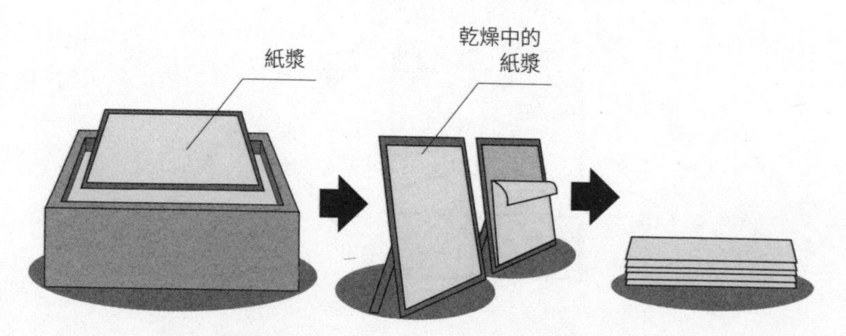

▲中國東漢時代蔡倫（63-121 年）發明了造紙術。

紙張的出現和造紙技術的傳播〔當然還加上日後印刷術的發展〕，令書籍這種知識記載工具能夠真正得以普及，從而大大加速了人類文明的進展！

隨著電影、電視和電腦的發展，人們多次預言紙本書籍將會被淘汰，但預言到目前也沒有成真。今天，互聯網發展神速，傳統的報紙和雜誌的確受到很大的威脅。但我們若是前往一些較大的書店逛逛，可以看到紙本書籍的出版不但沒有減少，反而有愈來愈蓬勃的趨勢。究竟日漸流行的電子書是否能夠完全取代紙本書籍，迄今還是一個未知之數。

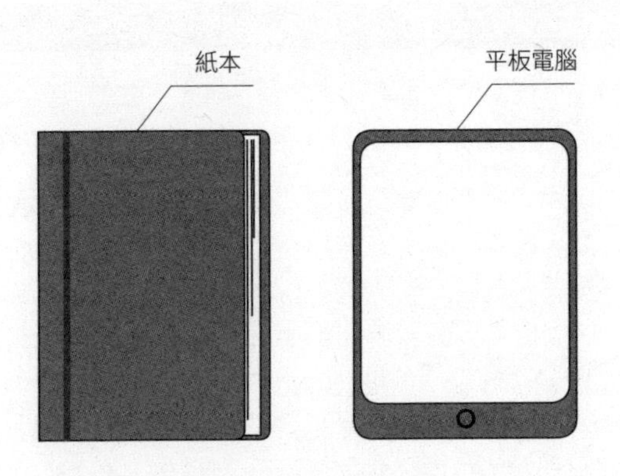

▲紙本書和電子書，各有特色和優點，而到目前為止，電子書似乎還未可完全取代紙本書的地位。

塑料世界
——生活日常用品的製造物料，你認識多少？（下）

我們在上兩篇已討論過木、石、陶瓷、金屬、玻璃、紙等物料，它們最古老的已有數百萬年歷史，而就是最晚近的，也有過千年的歷史。但大家有沒有想過，我們今天最常接觸的一種物料，它的歷史距今還不足一百年呢？你可猜到這是甚麼？

化學合成物料的發明

不錯！這種物料便是現代文明幾乎無處不在的「塑料」。〔香港人俗稱「塑膠」；要留意「塑」字的正音是「素」而不是「朔」。〕

從化學構成的角度看，所謂「塑料」(plastics) 其實是一個十分龐大而多樣的物質家族，它的正式名稱是「有機高分子聚合物」(organic polymers)，例子包括我們最常接觸的「聚乙烯」(polyethylene)、「聚丙烯」(polypropylene) 和「聚苯乙烯」(polystyrene) 等。這些物質基本上不存在於自然界之中，必須由人類通過化學轉化和合成的方法製造出來〔主要的原材料是石油〕。塑料可說是第一種真正完全由人類所發明的物料。

塑料應用的好處

塑料成為我們日常生活的一部分，還只是上世紀第一次世界大戰以後的事情。顧名思義，塑料的最大特性便是它的可塑性，也就是說，可以透過「倒模」(moulding)而被造成任何形狀。

塑料擁有多方面的優點，例如：在化學上的惰性〔即不容易和其他物質產生化學反應〕、價格廉宜、幾乎可被賦予任何顏色、也可被賦予不同特性〔如不同的彈性、堅固程度、耐熱程度〕等等，基於上述多方面的便利，塑料很快便成為構成現代文明不可或缺的一部分。

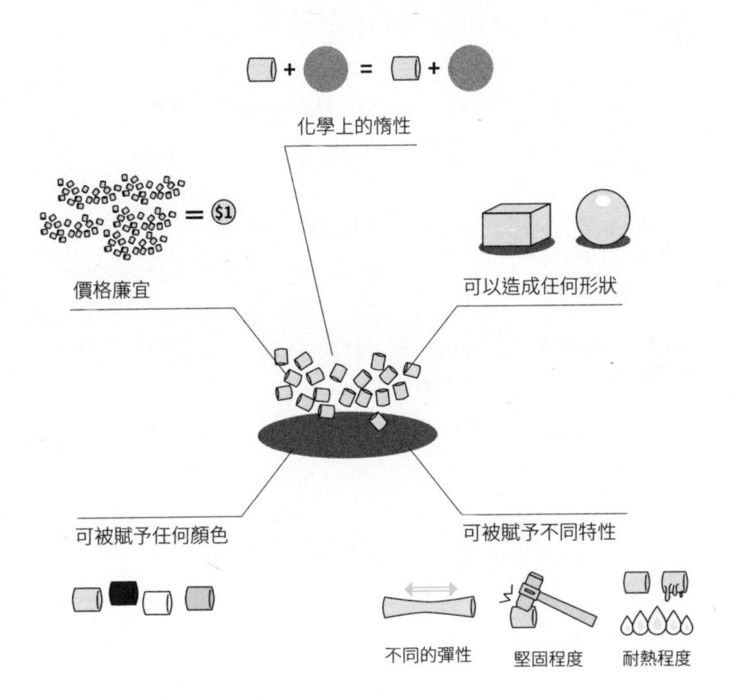

塑料帶來的弊害

然而，世事總是充滿著矛盾。塑料在化學上的惰性既是它的優點，卻也是它的最大缺點！

為甚麼這麼說呢？原來正因為它不會跟其他物質出現化學反應，當它被棄置到自然環境之中時，不會好像大部分天然物質一般會受到風化或細菌的分解作用而「回歸自然」。結果是，過去一百年來人類大量製造出來的塑料物品，不斷在自然環境裡積累而造成了嚴重的污染。

不少這些塑料更被棄置於海洋而隨著洋流漂越萬里。在一些遠離大陸的海島上，有科學家竟在海鳥和魚類的胃裡，找到不少誤被他們以為是食物而被吞進肚裡的塑料物品！

針對塑料的使用氾濫成災，外國一些環保團體正鼓吹人們多些恢復使用「生物可降解」(biodegradable) 的天然物料。此外，世界各地的政府亦開始盡量限制膠袋的使用〔如香港徵收的「膠袋稅」〕。一些環團則發起了一個名叫「Kick the Bottle」的運動，就是呼籲我們出外時盡量自備水瓶，而拒絕使用只是用來裝載清水的即用即棄塑料瓶子。〔可悲的是，使用這種瓶裝清水的風氣卻愈來愈烈……〕

塑料還帶來了另一個問題，就是在遇到火災而被猛烈燃燒時，會釋放出有害人體的有毒物質！

凡事往往有利亦有弊，我們應該怎樣善用塑料而盡量減低它帶來的壞處，可是對我們人類智慧的一項挑戰呢！

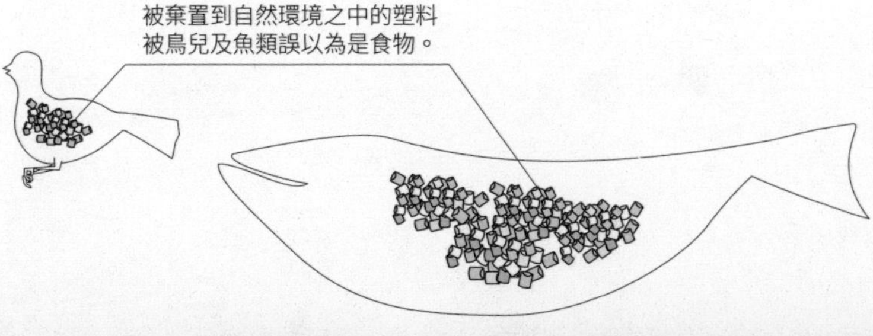

被棄置到自然環境之中的塑料
被鳥兒及魚類誤以為是食物。

齊來打怪「鏽」
——如何克服鋼鐵的「死穴」？

前文提到人類在文明的進程中所使用的各種物料，而每種物料的發明和變通應用，相信都會經歷著不斷優化的過程吧！本篇會再深入討論自從人類進入「金屬時代」（Metallic Age）以來，一場「打怪鏽」的戰爭！

大家當然知道筆者只是拿「怪獸」和「怪鏽」的諧音來開玩笑。但人類對「鏽蝕」的持久戰爭，卻是十足認真而不是鬧著玩的一回事！

由石器時代進入鐵器時代的歷程

一萬二千年前左右的農業革命是人類的文明之始，但之後超過一半的時間，人類仍然只是處於使用木石棍棒的「新石器時代」（Neolithic Age）。大概到了五、六千年前，人類才開始懂得冶煉和運用金屬。而最初使用的金屬是「銅」（copper）。後來人們懂得加進「錫」（tin）而製造出堅硬得多的「青銅」（bronze）。「銅器時代」（Bronze Age）的來臨，令人類的文明提升到一個嶄新的水平。

但「金屬時代」達到高峰，還有待「鐵」（iron）的出現。由於鐵較青銅更為堅硬，而且在地層中的含量也豐富得多，所以它很快便成為了各種工具〔包括武器〕的製造材料。而在與混凝土（cement）的結合之下，更成為了近、現代建築物的基本建材〔香港人俗稱的「鋼筋水泥」〕。

怪鏽如何形成？

自三千多年前「鐵器時代」(Iron Age) 開始以來，鐵是人類用得最多的金屬。但從一開始，人們即發現鐵有一個「死穴」，那便是會「生鏽」(rust)，而這種「鏽蝕」(rusting) 的現象，會令原本堅固的物料變得脆弱，然後層層碎裂剝落，最後成為粉塵。

為甚麼鐵會生鏽？人們又進一步發現，這種可怕的現象，原來跟空氣和水分的影響有關。

在水分的影響底下，鐵會跟空氣中的氧氣產生「氧化作用」(oxidation)，形成帶有水分子的「氧化鐵」。這種含水的氧化鐵是一種十分脆弱的東西，而當它破碎剝落後，會暴露出下面未被氧化的部分，使其受到氧化。就是這樣，層層深入的氧化過程，最終將鐵材侵蝕怠盡。

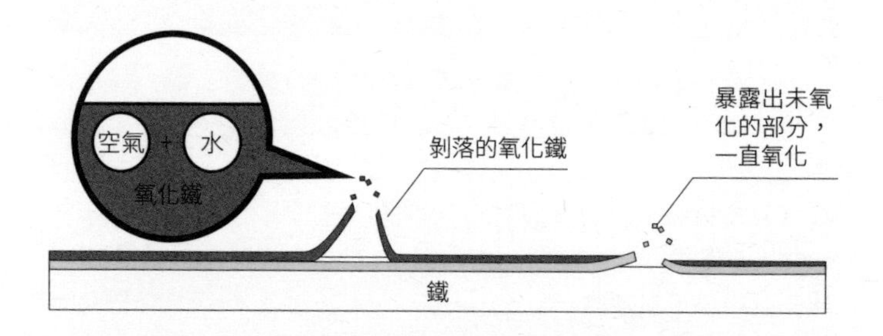

其實銅〔以及其他金屬，如錫、鋁、銀等〕也會氧化，只是它們的氧化物〔銅鏽、錫鏽等〕質地堅固而不似氧化鐵一般脆弱，它們一旦形成，會在金屬表面形成一道保護膜，令下面的金屬不會一直氧化下去。當然時間久了，這種鏽蝕仍是會令金屬出現一定程度的損耗。

讓我們回到氧化鐵這頭「怪鏽」之上。

對付怪鏽的方法

即使在古代，一些精明的鐵匠已經發現，如果在鑄鐵期間加入一點兒「碳」(carbon)，會大大提升鐵的堅韌度而得出「鋼」(steel)，而古代的所謂「寶劍」，就是製作得愈來愈出色的「鋼劍」。

然而，即使鋼也是會生鏽的。為了保護這些鋼鐵，人們嘗試用不同的物料塗在其表面，以阻止它們和空氣及水分接觸。大家所熟悉的「油漆」(oil paint) 就是這樣的一種物料。但在日曬雨淋冷縮熱脹的煎熬下，油漆也會老化剝落，所以對於鐵造的建築物〔如巴黎鐵塔和金門大橋等〕，每隔一般時間便要重新髹上油漆。不用說，這種保養所費不菲。

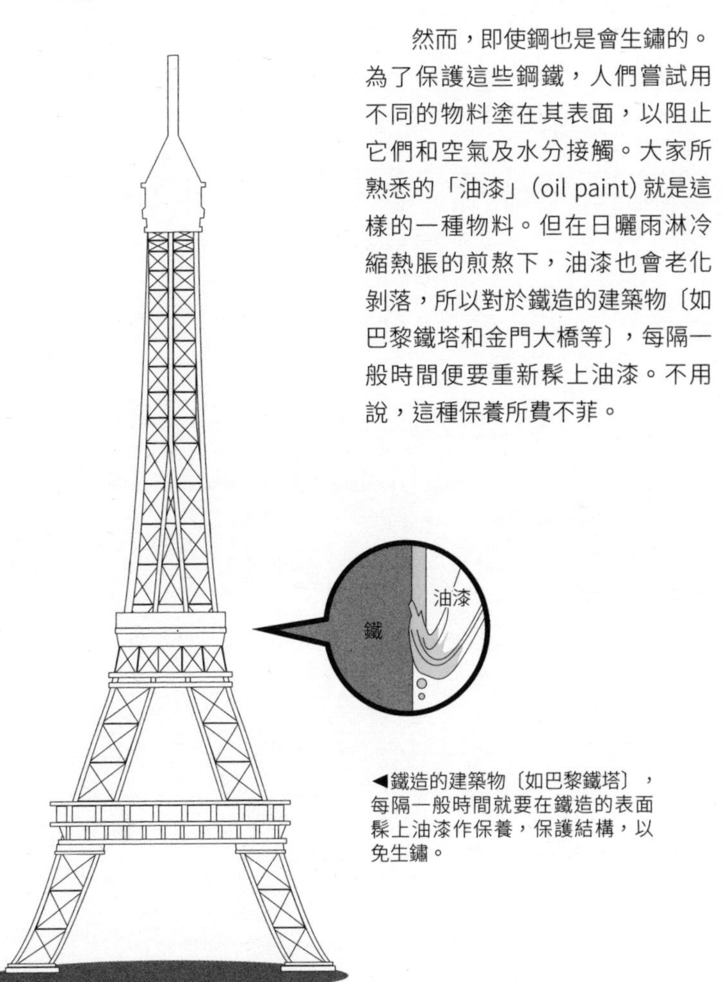

◀鐵造的建築物〔如巴黎鐵塔〕，每隔一般時間就要在鐵造的表面髹上油漆作保養，保護結構，以免生鏽。

人類對抗鐵鏽的一趟重大突破，來自一名法國的冶煉專家貝爾西爾（Pierre Berthier）。他於 1821 年發現，如果我們冶煉時加進「鉻」（chromium）這種金屬，由此得到的鋼便可以抵抗鏽蝕而歷久常新，「不鏽鋼」（stainless steel）就是這樣誕生了！〔後來又發現如果還加進其他金屬如「鎳」、「鎢」、「錳」等，會得出具有不同特性的鋼。〕

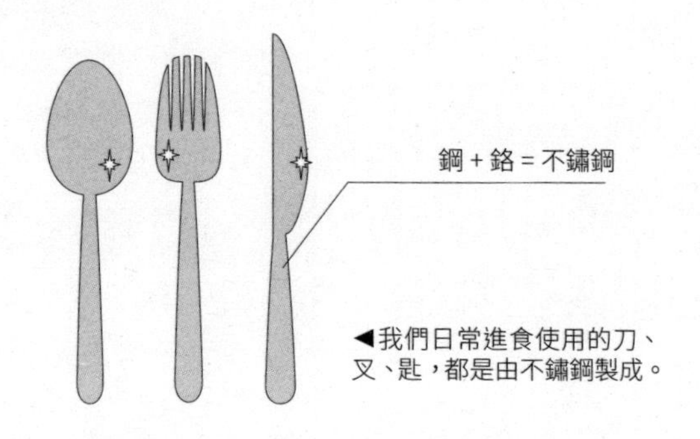

◀我們日常進食使用的刀、叉、匙，都是由不鏽鋼製成。

至此，我們終於戰勝這頭「怪鏽」了！——你可能會想。

可惜事情沒有這麼簡單。原因在於鉻是一種昂貴的金屬，不可能大量用於建築材料之中。這正是為甚麼我們最常見的不鏽鋼，都只是刀、叉、匙和一些小型的煮食器皿。人類在「怪鏽」面前，還是需要發明一種更便宜的對抗方法。

正在唸理科的同學們，這可是一個讓你們展現才華和作出重大貢獻的努力方向呢！

告別茹毛飲血
——煮食的進化（上）

按照古人類學家的研究，人類的遠祖跟猿類的遠祖在進化上分道揚鑣，至今起碼已有七百萬年的歷史。在這段漫長的歷史裡，雖然我們的祖先經歷了直立行走（bipedalism）、雙手釋放〔及拇指可跟其餘手指互印〕、腦容量大幅增加、工具的製造和改良、體毛的大量喪失等重大轉變，但直至數十萬年前，他們卻仍有一種習性與今天的我們不大一樣，那便是進食時「茹毛飲血」。

作為一種極其「雜食」（omnivorous），甚至「嗜肉」（carnivorous）的猿類，在漫長的演化歷程中，人類祖先在進食其他動物時，都與獅、虎、豹、狼等一樣將獵物「生吞活剝」〔牠們基本上會將獵物殺掉才這樣做；不是因為仁慈，而是為了進食時方便〕——直至他們懂得用火。

吃的藝術由火起

火的使用，至少已有五十萬年歷史，而它的出現，即令人類與地球上的其他生物明顯地區分，其劃時代的意義，較石器工具的製造可謂猶有過之。

火，可以帶來溫暖、驅趕黑暗和猛獸，及後更用於熔化礦石中的金屬，令人類進入金屬時代。而本篇我們有興趣的，則在於它大大改變了人類的飲食習慣。

火令人類脫離茹毛飲血而進入熟食的時代。它一方面令我們可以更好地吸收食物中的某些養分，另一方面則令我們的牙齒因而不斷變小。不用說，今天充斥電視的飲食節目，大多都是教人們如何對食物進行加熱烹調〔雖然還是有談及「生吃」的話題，例如刺身和沙律。〕

▲火的使用大大改變了人類的飲食習慣。

煮食的進化

以往無論是燒、炒、煎、炸、蒸、焓、焗、燉，烹調的熱力都來自火焰〔所謂「明火」〕。而生火的燃料，可以是柴薪、煤炭、燃油〔包括酒精〕或是天然氣〔即成分主要為「甲烷」的「煤氣」〕。但自從人類百多年前進入電氣時代，我們終於有了一個不用明火的煮食方法，那便是電熱爐（electric stove）的使用。

大家如果曾經在外國〔如英、美、澳、加等地〕居住，便知道電熱煮食已是主流，而要在家中安裝一個煤氣煮食爐，乃是十分麻煩和昂貴的事情。不過中國人要求烹調時火力夠猛夠「鑊氣」，所以即使麻煩也往往要安裝。〔除了爐頭，焗爐也有電熱和煤氣之分，但由於這主要是西式煮法，中國人多數不會計較。〕

微波爐的發明

煮食方法的另一突破，無疑是二次大戰後發明的「微波爐」（microwave oven）。這種有加熱食物作用的電器，實有賴二戰之時，英國為要在黑夜對抗德軍的空襲而發明「雷達」（radar）所致的。科學家發現，除了偵測飛機外，原來只要把雷達電波的頻率提升〔等於波長減小〕，便可令帶有水分的食物加熱甚至煮熟。就是這樣，人們首次發明了無需火力的煮食方法。

微波爐之所以能夠煮食，是因為它所產生的微波波長為 12.2 厘米，而這種波長的輻射能量，剛好會被水分子〔及部分脂肪和糖〕強烈吸收，結果是水分子被激發產生高溫，從而令食物被加熱煮熟。

要注意的是，一方面這種像魔術般的加熱方法是煮食科技的一大革命，可是另一方面，由於它不能容易達到烤炙煎炸的香脆效果，所以始終沒有受到喜愛烹飪人士的歡迎。今天，微波爐大多用於加熱而非真正的烹調。

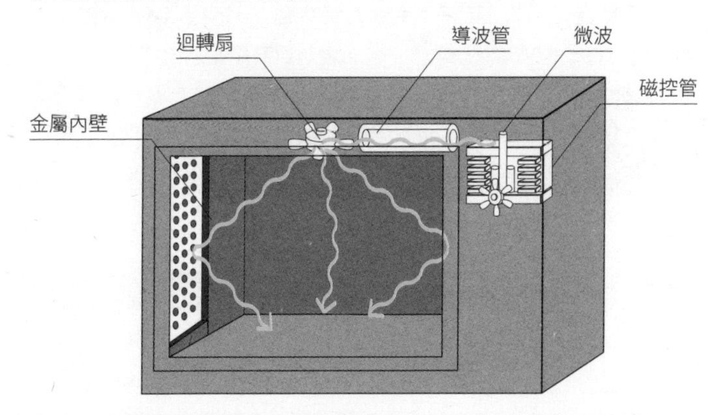

▲含水或脂肪的食物會吸收微波的能量而發熱。注意放進微波盛載食物的器皿，必須要是微波可穿透的玻璃、陶瓷或塑膠，而不可用金屬物體〔如鐵、鋁、不鏽鋼、錫箔紙〕，因為金屬會隔絕與反射大部分的微波而無法發揮作用。

電磁爐革命
——煮食的進化（下）

大家可能沒有想過，煮食的背後原來有這麼多科學原理。除了上一篇介紹的微波爐外，過去十多年，靜靜起革命的，還有「電磁爐煮食」(induction cooking) 的發明。

假如大家喜愛吃火鍋的話，近年來應該留意到，香港不少酒樓已經改用了沒有明火的電磁爐。當然，你家裡可能也正在使用這種煮食爐。科學的進步讓人類不需用火也可煮食，但你又有沒有思考過這種煮食新科技背後的原理呢？

電磁感應原理

說是「新科技」其實不完全正確，因為這種利用「電磁感應原理」(electromagnetic induction) 來生熱的技術實已有數十年的歷史，只是近十多年因技術進步令成本下降，致令這種煮食電器變得愈來愈普及。

「電磁感應加熱」(induction heating) 背後的原理，源於一種基本物理現象——「電動磁生、磁動電生」。

磁石與電流的共生

在古代，人們對「磁石」(magnet) 的奇妙特性已有所認知，中國更以此發明了最早的指南針。另一方面，人們亦知道事物間的摩擦可以產生靜電（static electricity）。然而，雖然古人對電鰻的震擊和閃電的可怕有深刻的感受，但對於大規模「電荷」

(electric charge) 流動所產生的「電流」(electric current) 現象，則要到十七世紀後才有所掌握。而將前人的實驗總結並帶上另一台階的，無疑是英國物理學家法拉弟（Michael Faraday）。

法拉弟設計的「導電螺旋線圈」(solenoid)，能於通電之後在線圈內產生穩定的磁場；相反，如果讓導電體在一個穩定的磁場中不停地擺動，則會在導體中產生穩定的電流。這便是「電動磁生、磁動電生」的現象。

交感電流的形成

更為有趣的是，如果我們將兩個螺旋線圈並排放在一起，而其間有磁鐵貫通，則如果一個線圈中有「交流電」(alternating current) 通過，由此所形成的磁場會令旁邊的線圈也會產生一個不斷變化的磁場，而最後令這個線圈中也出現「電場」(electric field) 和電流，我們稱這種電流為「交感電流」(induced current)。

以往這個現象主要用於將「電壓」(electric voltage) 升高或調低的「變壓器」(transformer) 上，因為假如兩個線圈所繞的圈數不同，便會產生不同的電壓。在這個手提電腦和電話充斥的年代，大家對充電時必須經過這種變壓器〔香港人俗稱「火牛」〕應該十分熟悉。

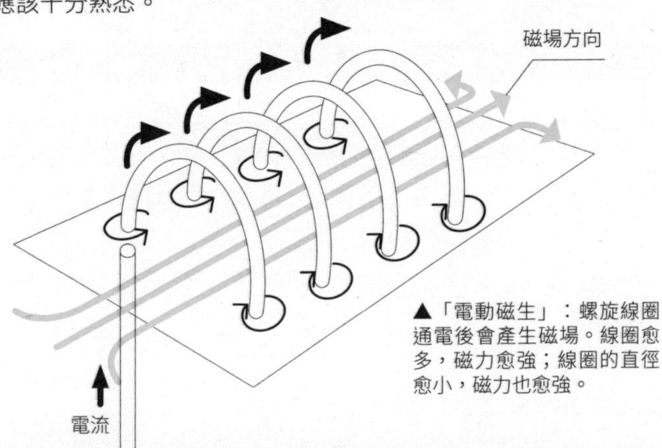

▲「電動磁生」：螺旋線圈通電後會產生磁場。線圈愈多，磁力愈強；線圈的直徑愈小，磁力也愈強。

當電磁爐遇上金屬平底鍋

所謂「電磁加熱」，其實也是同一原理，只是我們現時的興趣不在於改變電壓，而是令到其中一邊導體的溫度上升。在設計中，電磁爐的頂部雖然由絕緣體所覆蓋，但之下卻是一個盤旋的銅導管。只要我們用一個平底的帶磁鐵特性的金屬器皿放在其上，那麼在通電之後，銅盤便會產生一個頻率約為 20 至 27kHz〔即每秒變動約二萬至二萬七千次〕的振盪磁場，而電磁感應作用會令其上的器皿底部也會出現交流電場。但由於這個底部的「電阻」(resistance) 十分之大，這個電場會產生大量的「渦電流」(eddy currents) 和「磁滯損耗」(hysteresis loss)，繼而產生大量的熱能。器皿中的食物便是如此被烹煮的。

注意須配對使用專用金屬器皿

這種煮食方法方便、清潔、安全而又節能，可說是煮食科技的大突破。只是有一點限制是器皿必須帶鐵磁性〔即必須是鐵、鎳或鈷等金屬〕，而銅質、鋁質、陶瓷、玻璃等都不能使用。

不過，人類是聰明的，我們看見一些陶瓷器皿宣稱也能用於電磁爐之上，你知道為甚麼嗎？就是因為器皿的底部包了厚厚的一塊鐵片！

製冷的魔術
——熱如何能夠產生冷？

先考考你：「如何將一杯熱奶茶在最短時間內變成一杯凍奶茶？」

哈！這是我們香港人基於生活趣味和幽默感所創作的一條 IQ 題。最初的答案是：「加兩元！」〔地道說法是「加兩蚊」〕但今天百物騰貴，不少茶餐廳由熱飲改為凍飲的話，已經要加收三元了！

物體降至室溫的觀察

撇開這 IQ 題的幽默笑點，大家又有沒有認真從一個科學角度想過——我們要怎樣做才可令物體的溫度下降，直至令它降至遠遠在室溫（room temperature）之下呢？

留意筆者特別強調「在室溫之下」這一點，因為只要本身不是發熱體，任何物體即使原來的溫度很高，但隨著熱量不斷散逸，最後的溫度也會降至和周遭的環境一樣。這時物體與環境已經處於一種「熱平衡狀態」（thermal equilibrium），因此溫度也不會再有變化。

舉一個較恐怖的例子——由於人體是發熱體，所以生前與環境並不處於熱平衡；但死後不久，屍體便會逐步趨向平衡而達至室溫。

短暫冷凍方法

降至室溫是一回事，要令物體的溫度降至低於室溫，又是另一回事。在古代，能夠接觸到冰雪的人類祖先，相信很早便懂得以冰雪來將食物冷藏，當然冷凍要持久的話，就要進行隔熱，以大大減慢冰雪融化的速度。顯然，這種原始的冷凍技術的應用範圍十分有限，而且溫度也不能低於冰點。真正的製冷技術，還是有待現代科學興起之後才出現的。

認識汽化潛熱

大家都知道，無論冷氣機還是電冰箱，都需要用電。用電來產生熱力〔如電熱爐、電熱水煲〕很易理解，但熱又怎樣可以製造出冷呢？原來關鍵之處，在於任何液體在受熱之後由液態轉化為氣態期間，會從周遭吸走大量熱能，這種熱能我們稱為「汽化潛熱」(latent heat of vaporization)〔又稱「蒸發潛熱」〕。

先舉一個簡單例子說明——筆者兒時跟家人回鄉探親，外祖父母在農村的家門前有一張石板凳，夏天日落後，我們出外乘涼之時，會發覺石凳因受到日間的太陽照耀，燙熱得不得坐上去。這時，外婆會用一個斗舀來清水並灑在石板上，然後把石板上的水抹一把，嘿！不出一會，石凳便變得涼快可坐了！你可能會認為，石凳變得涼快是因為水的清涼，但事實卻是，即使我們以熱水灑向石板然後輕輕抹乾，也會得出同樣的效果！

這是甚麼原理呢？原來關鍵不在於水的溫度〔當然這也會有一定的幫助〕，而是在於水在蒸發時會帶走大量熱能。

電冰箱的發明

早於十八世紀，科學家便嘗試利用這個原理來「製冷」。他們發現，水在這方面不是最好的液體，例如酒精的揮發便較水吸熱更多。回想一下，打針前護士替你用酒精消毒，那時是否會覺得皮膚十分涼快呢？就是這樣，科學家測試了一種又一種的「冷凝劑」（coolant），並且發明了愈來愈巧妙的加壓減壓系統，來令這些冷凝劑循環不斷地蒸發、凝結、再蒸發、再凝結……，從而將一個密封環境的熱量不斷抽走，令溫度不斷向下調，最終達至遠遠低於水的冰點的結果。〔要留意的是，被抽走的熱量最終要被排放到周遭的環境中，所以冷氣機背面會噴熱氣，而電冰箱的背面也永遠是熱烘烘的。〕

製冷技術對人類的生活帶來了巨大的轉變，例如食物得到冷藏，便可以更長期地儲存並被運送到世界各地，這是較少人提及，卻是促成全球經濟一體化〔實質是「分工」〕的一個重要環節。

電冰箱已是今天家居不可缺少的電器，而除了居於寒帶的人，冷凍空氣調節系統〔即冷氣機〕亦是家居和工作環境中所不可或缺的裝置。

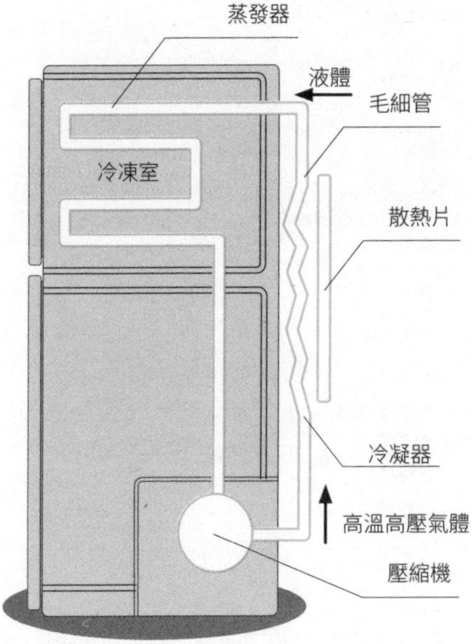

但凡事有利亦有弊。這種技術提升了人類的生活享受，也同時大大地提升了人類消耗能源的規模。而燃燒大量化石燃料來發電所排放的二氧化碳，透過了「溫度效應」，已經造成了「全球暖化」的危機。我們懂得製冷的同時，卻令整個地球變得愈來愈熱，這不能不說是一個諷刺！

▲電冰箱的內部結構

發酵的滋味
——酸奶是如何變酸的？

請大家想想：麵包、芝士、酸乳酪、啤酒、威士己、紅茶、腐乳、豉油、蠔油、泡菜等食物，有甚麼共通之處呢？

表面看來，這些食物〔和飲料〕好像風馬牛不相及，之間哪有甚麼共通之處呢？但稍為熟悉生物化學的人會看出——這些食物的生產，都必須透過一個重要的化學過程，這個過程我們稱為「發酵」（fermentation）。

◀麵包、芝士、酸乳酪、啤酒、威士己、紅茶、腐乳、豉油、蠔油、泡菜等，都是經過發酵而形成的食物。

人類在生活上利用發酵這種作用，少說也有過萬年歷史，而最先產生的，大概就是啤酒和威士己這等酒類。世界各地的民族都先後懂得釀酒，雖然得出的酒類各有不同〔既因為具體形成的程序不同，亦因為採用的原材料有異〕，但都利用了「發酵」這種原理。

發酵的過程

按照科學家的推斷，發酵這種作用之所以「被發明」，大多來至意外的發現——古時由於採集得來的生果一時間吃不完，居於洞穴的人類祖先遂把多餘的生果置於洞穴的某處。假如時間久了而又環境合適，一些被遺忘的生果便可能在腐爛之後出現發酵作用，從而形成最初的酒〔例如葡萄形成了紅酒〕。不用說，自從意外地「製造」了這種奇妙的飲料後，人類便與酒結下了不解之緣。

同樣地，一些食品如中國的豉油、腐乳，和外國的乳酪〔芝士〕和酸乳酪（yogart）等，最初都可能是意外地被製造的。而很快地，世界各地不少民族都掌握了發酵的技術，並將它不斷改進，創造出更多花樣的食品來。

發酵的原理

不過，直至十九世紀中葉，人們都以為發酵僅僅是物質腐壞所出現的一種化學反應。糾正這個觀點的人，是著名法國化學家路易斯 · 巴斯德（Louis Pasteur）。他於 1857 年發表的論文中指出——發酵之所以出現，是因為微生物（microbes）對生物物質所起的分解作用。由於這種作用多在缺氧的情況下出現，所以巴氏將發酵稱為「無氧的呼吸」。

往後的研究卻又顯示，巴氏這個分析並不完全正確，因為一些微生物如酵母菌（yeast）即使在有氧的情況下，也可進行「發酵」。一般麵包的製造，正是有賴酵母菌發生作用。〔筆者說「一般」，是因為有些民族 [如猶太人]，會刻意製造一些沒有發酵的「無酵餅」（unleavened bread）以作宗教祭祀用途。〕

發酵化學反應的公式

那麼發酵究竟是一種甚麼反應呢？原來其間涉及的化學反應可以十分複雜〔否則也不能做出這麼多姿多采的不同食物〕，但最基本的反應是「醣酵解」(glycolysis)，就是在微生物所分泌的「酵素」(enzymes)作用下，「醣類」〔碳水化合物〕被轉化為醇類〔酒精〕、二氧化碳和能量的過程。

以葡萄糖的「醣酵解」為例，化學式為：

$$C_6H_{12}O_6 \rightarrow 2\ C_2H_5OH + 2\ CO_2$$

留意上述的分子雖然包含「氧原子」，但獨立存在的「氧」(oxygen)在整個過程中沒有出現。

與此相反，氧氣的參與會引起我們一般更熟悉的「氧化作用」(oxidation)，在生物體中又稱「有氧呼吸」(respiration)或「消化作用」(digestion)。

以葡萄糖的「氧化作用」為例，化學式為：

$$C_6H_{12}O_6 + 6\ O_2 \rightarrow 6\ CO_2 + 6\ H_2O$$

避免發酵有方法

巴斯德的研究顯示，食物放得久了會變壞〔如奶類變酸〕，往往都是因為發酵的作用，而只要我們先用高溫把細菌和酵母菌等微生物殺掉然後再密封，食物便可以更長久地保存。他倡議的這種殺菌方法，後人稱為「巴斯德消毒法」（pasteurization），而罐頭食物就是這樣發明的。

下次大家喝鮮奶時，請看看盒子上的字樣，因為之上必然印著「pasteurization」這個英文字呢。

輕功水上飄

——能於水面上行走的秘密

先考考你：一支針可以浮在水上嗎？表面看來這是不可能的！因為鋼鐵的密度比水高很多倍，鋼鐵打造的針，又怎可能浮在水面呢？

的確，如果我們嘗試把針放於水面，無論我們如何小心翼翼，針還是會一下子便沉到水底。

實驗：抹手紙 + 針

但現在讓我們把針放在一小片抹手紙之上，然後把紙片小心地平放在水上看看。

嘿！紙張在吸滿水之後會緩緩下沉，但針卻被留在水面而浮起來！為甚麼會出現這種違反物理的情況呢？

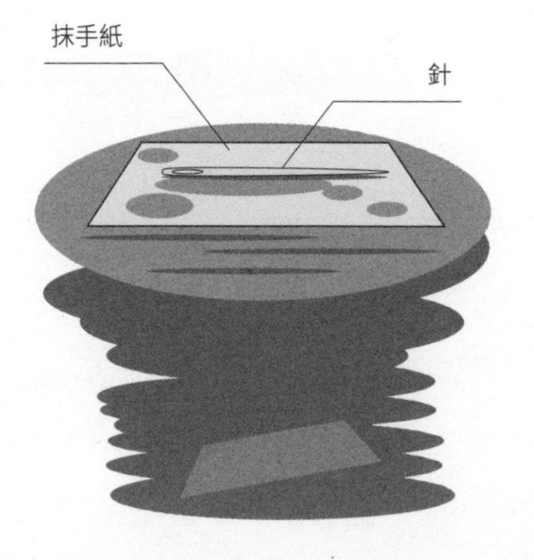

實驗：胡椒粉 + 肥皂

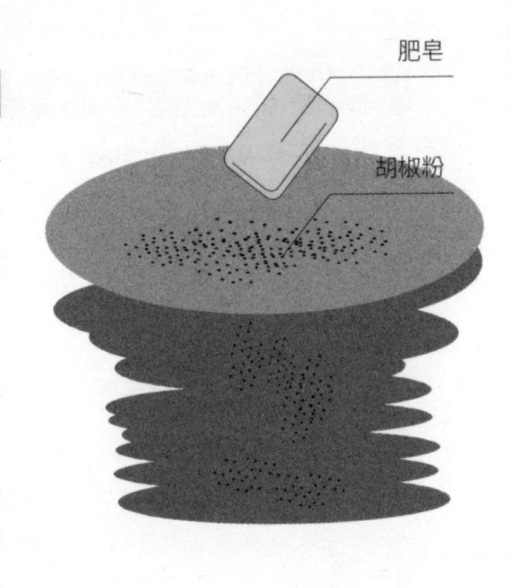

讓我們再做一個實驗——把一些胡椒粉輕輕撒在一盆水的水面上，我們發覺雖然有小部分會下沉，但亦有不少仍浮在水面。好了，現在讓我們拿來一小塊肥皂，並把它輕輕地觸碰水面。

嘿！我們會發覺碰觸點周圍的胡椒粉會下沉，而其他的則會迅速向外移。為甚麼會出現這種古怪的情況呢？

實驗：小紙船 + 肥皂

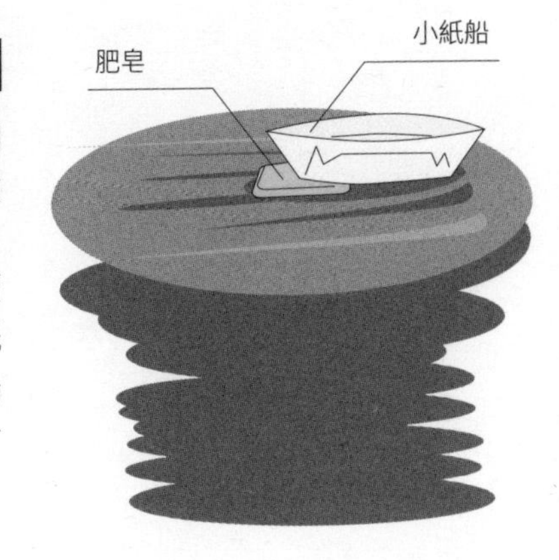

再做一個實驗——讓我們先用紙摺一隻小紙船，然後在船底的一端用膠紙貼上一小片肥皂〔注意不要把肥皂完全覆蓋〕。把這底部貼有肥皂的紙船放到水中，我們會發現紙船竟然會自動向前走！為甚麼會這樣呢？

認識水的表面張力

以上三個實驗其實都與水的「表面張力」(surface tension) 有關。原來水分子與水分子之間，有很強的相互吸引力，這種吸力在水的中央彼此抵消，但在水的表面卻會出現不平衡的狀況，這種不平衡會令處於表面的水分子有一種內聚的傾向，結果是令到水的表面好像有一層薄膜包裹似的。水滴的形成，正是這種作用的結果。

正因如此，一些輕盈的昆蟲如蚊子和螞蟻可以浮於水面，即使牠們的密度其實要比水高。要數能夠利用表面張力在水面瀟灑滑行的昆蟲，那便非水黽 (water striders) 這種昆蟲莫屬。大家可以從這 Youtube 片段看到牠們滑動的情況——

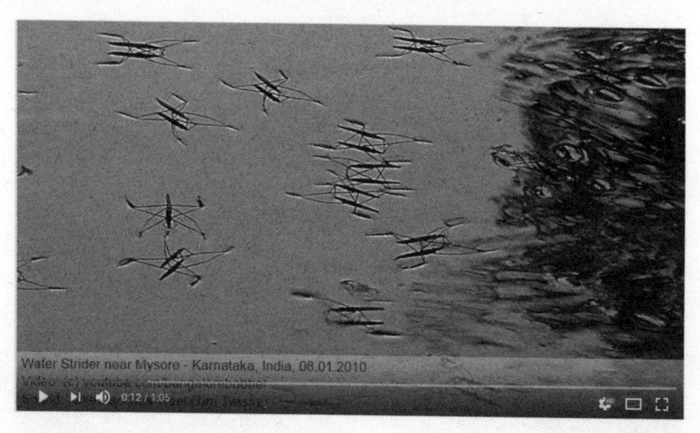

▲水黽浮行於水面。(YouTube 截圖)

網址 https://youtu.be/8cKTuhE6ObU

不過這種表面張力也可以對細小的生物構成危險。假設牠們不慎被困在一顆水珠之內，便有可能無法掙脫而被活活悶死！多年前一齣動畫《蟻哥正傳》(Antz)之中，便描繪了這樣的一個情境〔幸而最後有驚無險〕。

礦物質影響張力

要留意的是，水的表面張力與它所包含的礦物質有關。一般來說，含量愈多則表面張力愈大。正因為這樣，在中國的名泉如杭州的虎跑泉和濟南的趵突泉，遊人都喜歡玩一個遊戲，就是把最輕的銅幣嘗試平放於一碗泉水的表面，或是在盛滿了泉水的碗中慢慢加進銅錢讓它們沉在底部，然後看著水的表面如何拱起，直至遠遠高於碗口的水平也不溢出這種奇景。

由於礦物質會增加水的表面的張力，我們在洗滌衣服時，會發覺用自來水加肥皂的效果會較好，但用井水加肥皂的話，則好像難以發揮其潔力似的，原因正在於此。

肥皂令水分子失去吸引力

讓我們回到之前的實驗之上。肥皂之所以可用來清潔，是因為它會破壞水分子之間的吸引力，從而使得物件表面的污漬較易被水沖刷掉。在胡椒粉的實驗中，以肥皂接觸水面的話，由於接觸點那兒的表面張力被大大降低了，這不單令附近的胡椒下沉，亦造成了附近表面張力的不平衡，從而把胡椒粉推開〔實質是被不平衡的表面張力拉開〕。同理，紙船一端的肥皂改變了表面張力的平衡，於是令紙船移動起來。

哥倫布大交換

——你願意用香蕉交換番薯嗎？

以下考大家一條非一般的常識題——除了都是食物之外，朱古力〔巧克力〕、辣椒、火雞和番薯〔地瓜〕這四種東西，有甚麼共通之處？

筆者敢打賭，如果沒有了這篇文章的題目作提示，你要是拿這條問題去問一千個人，也未必會有一個人能夠給出正確的答案。我已剛剛給大家一個大提示了！怎麼樣？猜到答案是甚麼了嗎？

不用說，答案當然和 1492 年有關！

哥倫布發現新大陸

1492 年發生了甚麼大事年？那就是——「哥倫布發現新大陸」。而在哥倫布未發現新大陸之前，上述提及到的這四種東西，都不存在於南、北美洲以外的民族的食譜之中。

由於哥倫布抵達美洲是 1492 年的事情，也就是說，在 1492 年之前，在中國沒有烤番薯或番薯糖水、西方人在復活節時不會吃火雞、印度人的食物中沒有辣椒，而在瑞士也不會買得到朱古力！進一步說，如果小說或電影中出現秦始皇吃番薯，或是凱撒大帝吃火雞等情景，都是犯了嚴重的歷史錯誤。

新大陸說法的謬誤

但未繼續講「哥倫布大交換」之前，我必須解釋一下，我為甚麼用引號括住「哥倫布發現新大陸」這幾個字。理由當然是——在哥倫布未抵達美洲的一萬多年前，其實便已有人類移居美洲大陸，所以「哥倫布發現新大陸」這種說法，也是嚴重違反歷史事實的。

按科學家的研究，原來早於一萬三千多年前，由於地球正受著最晚近一個冰河紀的影響，南、北兩極的冰帽大幅擴張而令全球的海平面大降〔約較今天的低 60 米〕，亞洲大陸的一些古人類，於是透過連接亞洲最東端和北美洲最西端的「地峽」〔即現今的「白令海峽」(Bering Strait) 的所在處〕，逐步從亞洲遷徙至北美洲。接著下來，這些人不斷開枝散葉並向南移，最後抵達南美洲的最南端。

物種的大交換

由於地理上的相對孤立，南、北美洲〔西方人泛稱「新大陸」〕的動、植物品種，與非洲和歐亞大陸〔泛稱「舊大陸」〕之上的大相逕庭。而所謂「哥倫布大交換」，是指始於哥倫布的歐洲人對美洲的侵略和佔領之後，大量的生物品種在「新、舊大陸之間」交流。

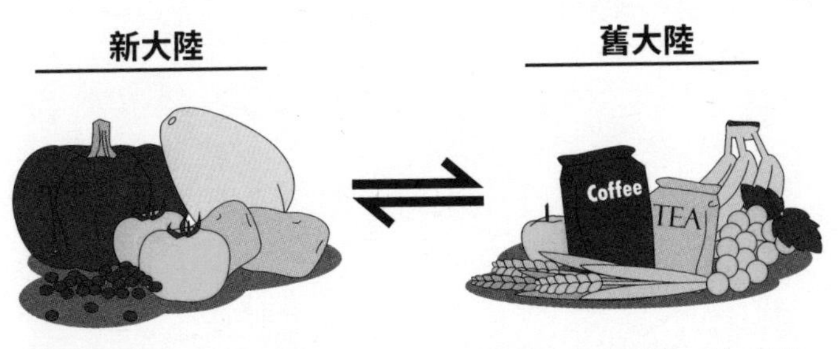

▲馬鈴薯、粟米、花生、番茄、南瓜、木瓜、合桃、菠蘿、向日葵、煙草、可可豆、橡膠樹

▲大麥、小麥、稻米、茶、棉花、甘蔗、香蕉、蘋果、橙，咖啡、洋蔥、芒果、芋頭、西瓜、葡萄，豬、牛、馬、羊、雞、鵝、鴨

新大陸→舊大陸

新大陸對舊大陸所帶來的貢獻，實在大得難以想像。在農作物方面有——馬鈴薯〔對！以前西方人的食譜中是沒有薯仔的〕、粟米〔即玉米、玉熟薯〕、花生、木薯〔後來成為了非洲人民一種主糧〕、番茄、南瓜、木瓜、合桃、菠蘿、向日葵、煙草〔對！美洲以外的人在 1492 年之前不懂抽煙〕、可可豆〔製造朱古力的原材料〕、橡膠樹〔馬來西亞之所以盛產橡膠，是因為英國人把橡膠樹移植過去〕。

舊大陸→新大陸

至於相反的流向，即由舊大陸傳至美洲的則有——大麥、小麥、稻米、茶、棉花、甘蔗、香蕉、蘋果、橙，此外還有咖啡、洋蔥、芒果、芋頭、西瓜、葡萄等。而在家畜方面則有豬、牛、馬、羊、雞、鵝、鴨等。〔新大陸固有的家畜主要是火雞和駝羊〕。對！北美的原住民〔歐洲人誤稱「印弟安人」，因為哥倫布以為自己已到了印度！〕以前是沒有馬騎的，而南美的哥倫比亞也沒有咖啡出產。

歷史學家還指出，歐洲人從美洲掠奪的巨量黃金和白銀，以及透過數百年慘無人道的非洲黑奴制度在美洲種植甘蔗和棉花創造財富，是令西方稱霸世界和支撐工業革命發展的一大動力。不過，那是另一個故事了。

衝上雲霄
——鐵鳥不墮之謎

千百年來，人類都夢想能夠好像雀鳥般在空中自由自在的飛翔，直至一百多年前，在憑借熱氣球的升空以外，「重於空氣的動力飛行」（heavier-than-air powered flight）仍被視為無法實現的夢想。著名物理學家開爾文（Lord Kelvin）在 1895 年便斷定：「重於空氣的飛行是不可能的。」

然而，就在開爾文這一宣稱之後的八年，萊特兄弟（the Orville & Wilbur Wright brothers）兩人便於 1903 年在美國北卡羅來納州一處叫基蒂霍克（Kitty Hawk）的地方創造了歷史！

人類的航空時代

萊特兄弟所建造的飛機，首次成功地飛行了 120 尺〔約 37 米〕，並在空中逗留了 12 秒；在同一日的另一次試飛中，距離更增加至 852 尺〔260 米〕，而時間則增加至 59 秒。而從這個卑微的開端，人類進入了「航空時代」。

今天最巨大的民航客機 A380 型號的體重達五百多公噸〔近五十部雙層巴士的重量〕，那麼究竟是甚麼力量，能夠讓這樣的龐然大物在空中飛翔而不直墜地面呢？

原來，背後的原理早於 1738 年便已經被一位瑞士的物理學家貝努利（Daniel Bernoulli）所發現，並被後世稱為「貝努利原理」（Bernoulli's Principle）。

實驗：貝努利原理

讓我們做一個簡單的實驗——把一張下垂的紙放到下唇之下，然後大力吹氣，我們發覺，紙張在我們吹氣期間會被「吸」起來。再來一個實驗：把兩張紙條垂直置於口的兩旁，然後大力吹氣，我們會驚訝地發現，兩張紙條不是被吹開，反而是會在我們吹氣時，相互靠攏在一起。

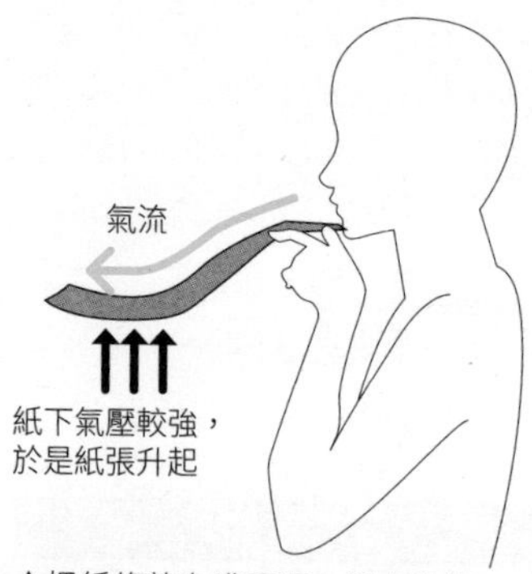

▲把紙條放在嘴唇下，用力吹氣，造成紙條上方的氣流加大，氣壓也較小，而紙下面的氣壓則較強，於是紙條便升起。

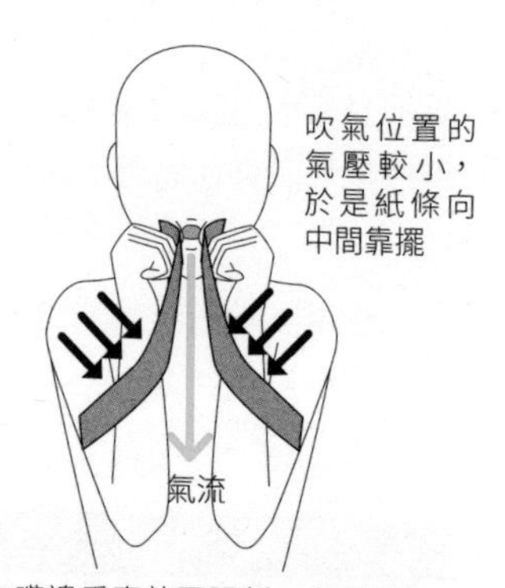

▲在嘴邊垂直放兩張紙，向兩紙中間的位置吹氣，因為吹氣位置的氣壓比外邊靜止的空氣較小，受外圍較強氣壓的作用下，紙向中間靠攏。

為甚麼會出現這樣奇怪的情況呢？原來這是因為比起靜止的空氣，流動時的空氣的氣壓會較低。結果是周遭的空氣〔嚴格來說是氣壓的差異〕致令紙張作出方才的種種運動。

留意這兒所指的「氣壓」是作用於四方八面的「流體靜態壓力」(static hydrostatic pressure)，而不是指加上了流體運動所造成的，因此是有特定方向性的「風壓」(wind pressure)。「流體」〔fluids，包括氣體和液體〕在運動時的壓力較靜止時的低，而且運動速度愈高則壓力愈低，這便是貝努利所發現的原理。

抬升力的作用

飛機的升空，正是利用了這個原理。由於機翼的設計是向上的一面拱起，而向下的一面水平，空氣高速流過期間，下方的「靜氣壓」會大於上方，壓力差異於是形成了「抬升力」（up-lift force）。當然，要這一抬升力抵消飛機的重量而令飛機「懸浮」空中，飛機首先要好像汽車一樣在跑道上高速奔馳。這正是機場的跑道為甚麼要做得這麼長的原因。

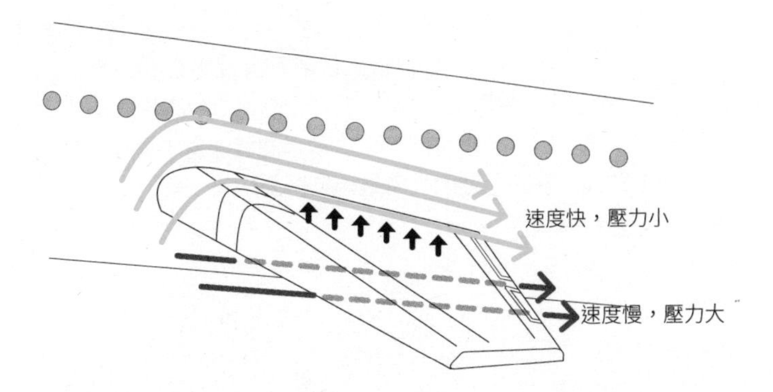

由於這一原理普遍適用於任何流體，人們亦據此發明了水翼船（hydrofoil）。同理，水翼船在啟航時必須像普通船隻一樣浮在水面前進，但當達到了某一速度後，船底下伸延的水翼，便會像飛機的機翼一樣，透過貝努利原理把船托起來，直至船底離開水面。由於接觸面積及相連的摩擦力〔亦即「拖曳力」（drag）〕大大下降，我們便可以用較少的動力而獲得較高的速度。

一路順風是壞事？

讓我們回到飛機之上。上述的原理亦正是為甚麼在飛機的起降時，太大的「逆風」(headwind) 和「順風」(tail wind) 皆會引致嚴重的問題。

假設飛機在降落時遇上太大的逆風，便會增加飛機感受的抬升力，而令它超越跑道也未能著陸。至於太大的順風則更危險！因為抬升力驟降，會令飛機掉到地上而撞毀！

那麼是否說朋友搭飛機外遊時我們祝他「一路順風」是錯的？那又不是！原因是上述說的是飛機升、降階級的抬升力問題，但如果飛機已在高空〔如 10,000 米以上〕，高速的順風的確可以幫助飛機快點抵達目的地，這兒起關鍵作用的是風的推送力，情況就像船隻在河道航行時是順流還是逆流一樣。

水洗能清
——為甚麼水有清潔效用？

水，是地球上最普遍的液體，也是一切生命之源。沒有了食物，我們也許還可以撐上十天八天；但假如沒有了水，我們最多只能活上三、四天左右。

除了直接飲用和灌溉農作物之外，水的另一個重要用途就是——清潔。

除非我們生活在非常乾燥和寒冷的地方，否則大部人每天不洗澡的話，準會覺得渾身不自在。相反，一天的辛勞或劇烈運動之後，能夠洗上一個大熱水澡，乃是人生一大快事！

我們每天都用水來洗澡、洗衣服、洗食物，可是我們有沒有想過——水為甚麼可以用於清潔呢？

作為一種液體，水的沖刷，可以把沙泥和塵埃等事物帶走，這是十分容易理解的。但水之所以可作為一種「萬用清潔劑」，在化學上確有其獨特的原因。而要了解這個原因，我們便則必須理解水的化學構成和特性。

水的結構

眾所周知，「水分子」(water molecule) 乃由一個「氧原子」(oxygen atom) 和兩個「氫原子」(hydrogen atoms) 所組成。在這個三角形的結構中，「氫、氧、氫」〔即 H-O-H〕的角度為 104.45 弧度，亦即較一個直角大一點點。

在此我們要了解的是，「氧」和「氫」的結合〔化學術語稱為「鍵」〕，實乃由包圍著雙方的電子之間的相互作用所產生，其間氧原子對這些電子的拉扯整體上較氫原子的大，是以整個水分子雖然在電荷上屬於「中性」(electrically neutral)，但三角形分子中的「氧端」帶有「負電荷」(negatively charged)，而兩個「氫端」則帶有「正電荷」(positively charged)。就物理學的術語來說，水分子屬於一個擁有「電偶極矩」(electric dipole moment) 的「極性分子」(polar molecule)。

上述的事實十分重要。正正因為水分子這種電荷上的「極性」(polarity)，令它可以溶解大量不同種類的化學物質。

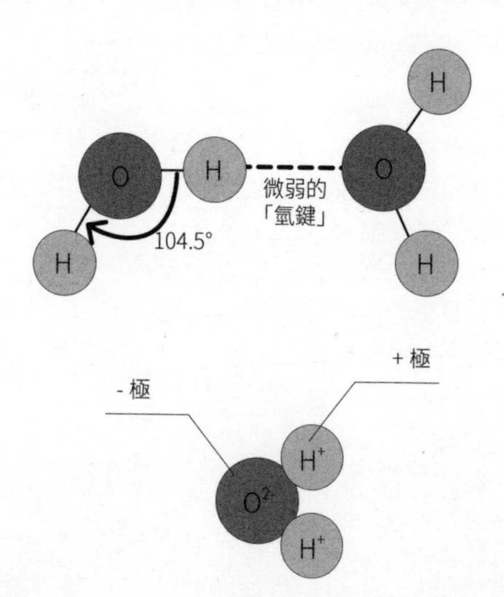

水的淨化力

原來不少物質，如酸 (acids)、鹼 (alkalines) 和鹽類 (salts) 等，都可以在水中分解成帶正電的「陽離子」(cations) 和帶負電的「陰離子」(anions)，例如構成食鹽的「氯化鈉」(sodium chloride)，會在水中分解成帶正電的「鈉離子」(sodium cations) 和帶負電的「氯離子」(chlorine anions)。水分子的極性，既促使它們的分離，亦保持了它們的分離狀態，這便是水之可以用於清潔的基本化學原理。

那麼水是否唯一擁有這種特性的物質呢？

水以外的選擇

當然不是。其他化合物如我們熟悉的酒精 (alcohol) 和「氨」(ammonia)〔即香港人俗稱的「阿摩尼亞」，取其英語音譯〕，同樣都帶有極性，所以也可以用於清潔。

但必須留意的是，酒精〔其正式名稱是「乙醇」(ethanol)〕只是一種叫「醇」的化合物系列中的一種。這系列中的其他品種不一定適用於清潔，例如「甲醇」(methanol) 便帶有毒性而不宜用於清潔和消毒等。我們一般用的消毒酒精，是一種含有 75% 乙醇和 25% 清水的水溶劑。

至於氨這種物質，在地球表面一般為氣體，只會在零下 34 度以下才成為液體。我們當然不會用這種極其冷凍的液體作為清潔劑。而且氨氣其實是一種帶有腐蝕性的危險氣體，如果我們用它來進行清潔，則必須先把它溶在水中成為氨水。大家是否試過用玻璃清潔劑拭抹玻璃呢？你在使用時所聞到的刺鼻氣味，就是來自氨本身。

毛細管、大作用
——保鮮紙為甚麼不能吸汗？

又考考大家一個問題——為甚麼一張保鮮紙不能用來抹汗，但一條毛巾或紙巾卻可以？

這個問題看似十分平凡，但事實上科學中不少偉大的發展，都是在研究平凡的事物時有所發現的。例如上述這個問題，背後的原因便牽涉到自然界中一個重要的現象，這個現象稱為「毛細管作用」（capillary action）。

毛細管如何發揮作用？

這個作用是指——當液體遇上很窄的管道時，液體會有被吸進管道之內的傾向。而毛巾或紙巾與保鮮紙的主要分別，是前者由纖維所組成，表面包含著很多細微的管道〔孔道〕，這些管道透過了毛細管作用，把水分吸走，於是可以用來拭汗。

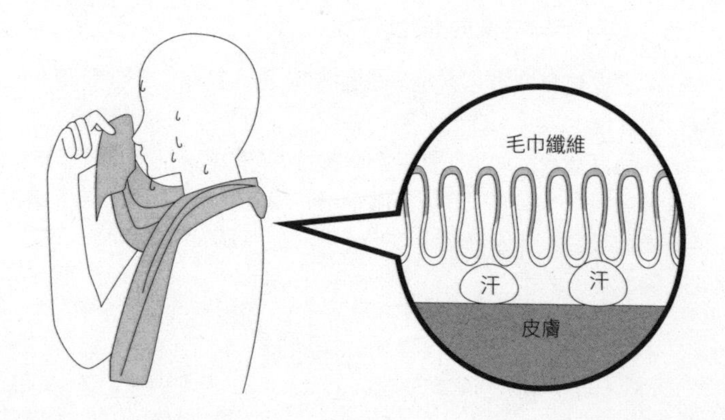

實驗：飲管吸水

要更好地示範這一作用，我們可以用直徑不同的飲管〔最好是透明玻璃管〕，垂直地放進一盆水中〔但不要碰到盆底〕。我們會看到——在穩定下來之後，管子內的水平面，會較之外的略高，而且管子直徑愈小，升高的程度便愈厲害。

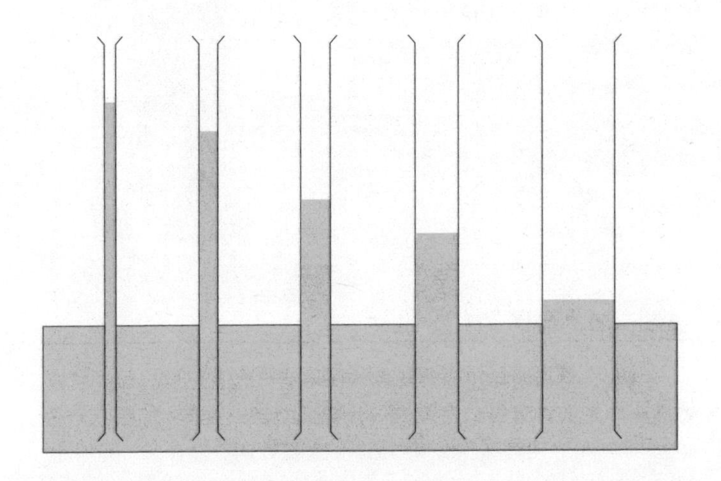

吸水原理

為甚麼會這樣呢？原來水分子之間因為互相吸引會產生一種「內聚力」〔cohesive force，亦是「表面張力」的成因〕，而水分子與管道內壁的物質，也會相互吸引而產生「附著力」(adhesive force)，當附著力大於內聚力時，便會產生一種「牽引力」。在微細的管子內，這種牽引力便可以克服水的重量而把水面提升。在上述的實驗中，由於管子愈窄而所要提升的水的重量也愈小，所以水面被提升的水平也愈高。

發揮輸送水分的作用

這種毛細管作用對生物極其重要。植物之所以能夠吸取和在體內輸送水分，全賴根部和莖部的這種作用。我們可以用一些白色花朵〔如康乃馨〕來作示範——如果我們在盛載康乃馨的花瓶中倒進一樽黃色的墨汁，只要我們靜候數十分鐘，便會看見黃色的水分沿著花朵的莖部慢慢向上移動，最後令康乃馨的花瓣逐漸變為黃色。當然，如果我們採用藍色的染料，則花瓣會逐漸變成藍色。

實驗：吸水轉移

我們也可以用紙巾來作示範——取來一個空玻璃杯和一個盛載著顏色水的玻璃杯，然後把一張厚紙巾卷成條狀。如今我們把紙條的一端浸到顏色水之中，另一端則放到空玻璃杯之中，我們會看到顏色水會被紙條吸升並轉移到空杯之中〔過程要數分鐘〕。如果我們有耐性等候多個小時，一半的水會被轉移，直至兩杯水的分量相同為止。

▲把一張厚紙巾卷成條狀，可將顏色水吸升轉移到另一個空杯之中，直至兩杯水的分量相同為止。

毛細管作用的日常使用

毛細管作用也常被用到我們的日常生活之中。例如毛筆和鋼筆之所以可吸滿墨汁讓我們進行書寫，就是這種作用的結果。又例如在沒有電燈之前人們所用的油燈，火焰之所以能夠不斷燃燒，便是因為燈芯不斷把燈油吸到火焰之處。

紙色層分析法

即使在現代科學中，毛細管作用也可幫助科學家透過一種叫「紙色層分析法」(paper chromatography) 的方法來進行化學分離，因為如果溶液中含有分子結構和大小皆各有不同的成分，它們在毛細管的作用下，在紙張中滲透的速度便會有所不同。透過一定的程序，科學家便可以把這些不同的成分分離，然後進一步化驗以找出溶液中到底包含著甚麼化合物。

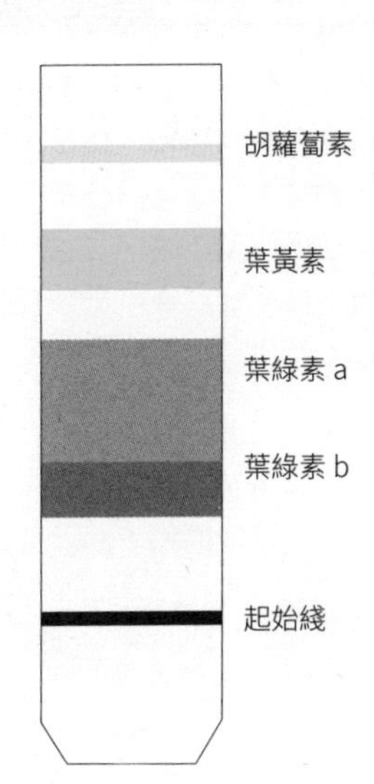

►以分析波菜成分為例，用「紙色層分析法」，可透過波菜汁樣本液體在濾紙的滲透，從而分析其中的成分組成和比例。

小沙粒、大道理
——沙漏中隱藏的秘密

大家有沒有見過「沙漏計時器」(hour-glass) 呢？在機械鐘錶還未發明之前，「沙漏」與「水滴漏」曾被人用於短暫的計時。而沙漏器較為優勝的地方，是一趟計時完畢後，可以被倒轉過來重新使用，較水漏法〔中國古代稱「銅壺滴漏」〕更為方便。

大家不要小看這樣一個小小的沙漏器，原來在沙粒下墜這個平凡的現象背後，實包含著深刻的科學原理。

沙漏的移動觀察

讓我們假設沙漏器剛被倒轉而沙漏剛剛開始。我們會看到，沙粒最先在底部積聚，然後很快便形成一個小沙丘。這個沙丘不斷擴大和增高，以至沙丘四周的傾斜度亦不斷增大。但這種情況不會簡單地持續下去。當四周的斜度到了一個極限時，只要小量沙粒再下墜便隨即會引發沙丘的突然崩塌！

崩塌後的沙丘，其實仍然是一個沙丘，只不過高度較之前的減少了，而底部的面積則有所增大。好了，由於沙粒還在不斷下墜，沙丘會再次擴大和增高。但不用我說大家也會猜著，這種增加最後也會導致崩塌，而沙丘的高度再次下降……

◀沙粒最先在底部積聚，很快便形成一個小沙丘，沙丘不斷擴大和增高，到了一個極限時崩塌，高度較之前減少，底部面積增大，而上面的沙粒繼續下墜，沙丘會循環形成和崩塌。

必然中有偶然、偶然中有必然

這有甚麼稀奇呢？你可能會問。不錯，這是一個表面看來平凡不過的現象。但大家有沒有想過，沙丘的每次崩塌，是否可以準確無誤地被預測得到呢？

科學家的研究告訴我們，答案是否定的。事實上，無論在時間上還是規模上，沙丘的崩塌都具有很大的偶然性和不可預知性。也就是說，沙丘斜坡的斜度有時會很高才出現崩塌，但有時並不是很高也會出現崩塌。同樣地，每次崩塌的規模可大可小，並無明確的規律可循。

這真是一個十分有趣的現象。沙丘早晚會崩塌——這個結論是必然的，是事物發展中的「必然性」；然而，崩塌出現的時間和規模，卻無從準確預計的，這是事物發展中的「偶然性」。而沙漏這個簡單的玩意兒，原來已包含了事物發展的「必然中有偶然、偶然中有必然」這個深刻的道理。

無法預測的臨界點

從另一個角度看，沙丘之所以會忽然崩塌，是因為當時整個系統已經達到了一個「臨界點」(critical point) 而無法持續下去。留意這個臨界點的出現是完全遵循經典牛頓力學的描述，並無好像量子力學中的「或然性質」。然而，由於整個系統乃由極多的單元〔沙粒〕所組成，而單元與單元之間的相互作用，將會受到眾多微細的因素所影響，結果是，每一次出現的沙丘，都幾乎是獨一無二的，而它在往後的變化也無法被完全準確地預測。

以上有關系統發展的必然性、偶然性和臨界點的現象，在自然界以至人類的社會行為中，其實十分普遍，例如山泥傾瀉、雪崩、股票價格的變動、酒會中人群交談的總體聲浪起落等等現象皆是。

臨界點出現頻率與突變規模的啟示

在更為學術的層面，「沙丘崩塌實驗」為人們研究事物如何由「混沌狀態」(chaos) 演變至「複雜狀態」(complexity) 所經歷的「自組織臨界性」現象 (self-organized criticality) 提供了寶貴的啟示。

其中一項較簡單的啟示，是臨界點出現的頻率，與它帶來的突變規模呈反比的關係。

簡單地說，就是在同一時段內，規模愈小的崩塌出現的次數愈多，規模愈大的崩塌次數則會愈少，這種頻率分布型態科學家稱為「冪分布」(power distribution)，有關的規律則稱為「冪律」(power law)。這種分布在自然界十分常見。

例如地質學家的研究顯示，地震出現的次數，便與地震的大小成反比；氣象學家的研究又顯示，風暴出現的次數，也與它們的猛烈程度成反比等等。這一關係有助我們從事物發生的頻率，推敲出後續會出現何種規模的狀況。

冪律示意圖

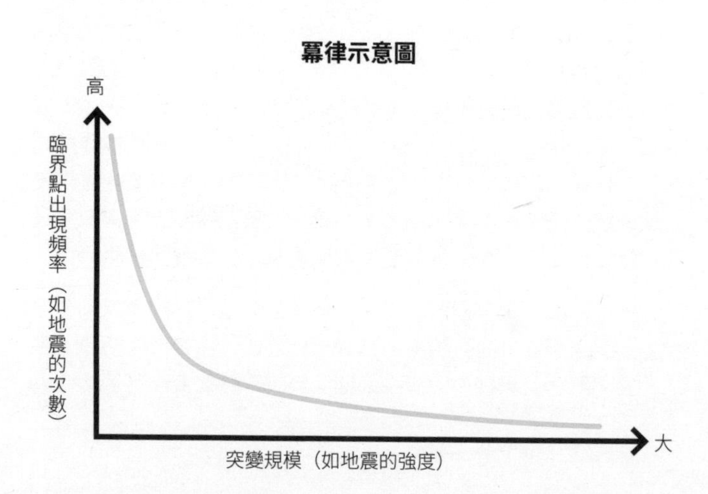

有誰共鳴
——高音頻真的可以振爆玻璃杯嗎？

大家有沒有聽過「女高音可以振爆玻璃杯」這種誇張的說法呢？要了解這是甚麼回事，我們必先了解甚麼是「共振」（resonance）。

而要了解共振，最佳的例子莫不如「盪鞦韆」〔香港人習慣稱「打鞦韆」〕。我相信讀者之中，應該沒有人未試過盪鞦韆吧？在享受這種玩意的樂趣之時，不知大家又有否想過，背後其實大有學問呢？

盪鞦韆如何愈盪愈高？

讓我問大家一個簡單的問題——怎樣才可令鞦韆愈盪愈高？

稍有經驗的讀者會知道，只要在鞦韆每次來回擺動時大力一撐〔若是站著的話，可透過雙腳用力；坐著的話，則透過臀部用力〕，鞦韆自會愈盪愈高。

但大家又有沒有想過，每隔多久用力一次才最有效呢？

不要以為愈頻密用力愈有效！經驗告訴我們，每上下擺動一回用力一次，這才最有效。相反，用力撐的時間間隔若是與擺動的周期不吻合〔無論是過短還是過長〕，結果都會事倍而功半，甚至令擺動出現混亂而導致停止。

自然振盪系統的原理

大家還記得兒時打韆鞦時背後有父母幫手推一把的話，也許還記得他或她也是在韆鞦盪至同一位置才發力推動，亦即「發力的周期」與「韆鞦擺動的周期」一致。而這也正是科學家在研究「自然振盪系統」（natural oscillating systems）時所發現的原理，這個原理被稱為「共振」。

科學家發現，可以出現振盪的物理系統都有它的「自然振盪頻率」（natural oscillating frequency），一個自由擺動的韆鞦〔無論之上有沒有坐人〕就是一個很好的例子。假設我們將韆鞦移離垂直的自然狀態然後放開，只要之後再沒有外力的影響〔包括在上的人全不用力〕，韆鞦來回一次的時間我們稱為「自然周期」（natural period），而在單位時間內〔如每秒或每分鐘〕擺動的次數我們便稱為「自然頻率」。一個科學常識是——韆鞦的吊鏈愈長，來回擺動的時間便愈長，亦即周期愈長而自然頻率愈低。

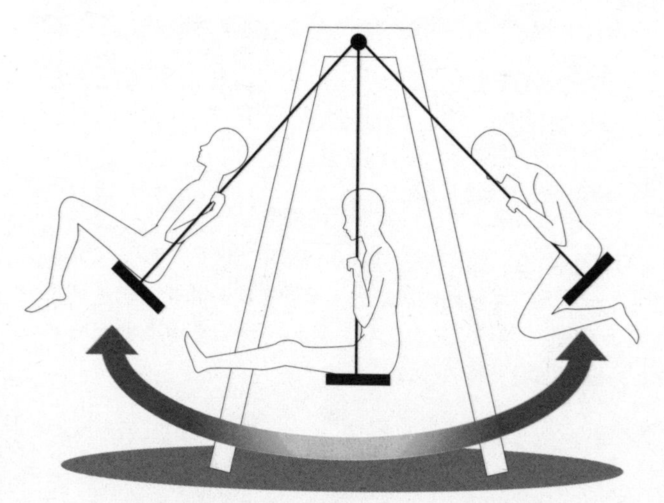

▲盪鞦韆每上下擺動一回用力一次最有效。

認識共振原理

而按照「共振原理」(principle of resonance)，如果現在有一個「周期性的外在驅動力」(periodic external driving force) 作用於這個系統〔例如背後間中推一把的爸爸或媽媽〕，則這個外在驅動力的頻率如果和系統原來的自然頻率一致的話，原來系統的振盪會因為能量的有效吸收而變得愈來愈激烈。繼續以盪鞦韆作例，就是擺幅愈來愈大，鞦韆盪得愈來愈高。

不要小看這個簡單的原理，在建築和工程設計上，設計師都必須小心考慮共振所可能會帶來的破壞。無論是一座建築物還是一座大橋，我們都必須避免它們的自然振盪頻率會等同於有可能在自然界出現的振盪頻率〔如來自地震、海浪沖擊或強烈陣風的頻率〕。在建造飛機之時，我們也要避免機上的各種機械振盪互相誘發共振。

在歷史上，共振現象確曾導致災難性的後果。其中最著名的，是英國曼徹斯特附近一條建於 1826 年的鐵索吊橋的塌陷。1831 年，一隊步兵在操著過橋時，由於步操的頻率剛好與吊橋自然擺動的頻率相約，而橋的建構也存在著一些瑕疵，於是這條只是建了五年的鐵橋在共振作用下轟然倒塌。自此之後，軍方下令軍隊必須以解散而非操兵的形式過橋。

理論上可以出現的振爆玻璃現象

回到文首的「振爆玻璃」之謎。理論上，如果一個肺量驚人的女高音歌唱家引吭高歌至最強音時，只要聲波的頻率剛好符合一隻高腳薄身酒杯的自然振盪頻率，確有可能透過共振將杯振碎！但現實中這應該十分罕見，而至今也未有確鑿的案例紀錄。

沉默的喇叭
——立體聲是甚麼一回事？

大家有看過 3D 電影嗎？自從《阿凡達》這部超級科幻猛片的 3D 版推出以來，3D 電影於短短數年間席捲全球。二十世紀上半葉已於科幻小說中預言的視聽科技，終於在二十一世紀的今天實現。筆者作為科學兼科幻發燒友，當然興奮無比。

3D 影像的享受如今已不獨限於電影院內。大量 3D 的家用電視機和投影機現已推出市場。當然，普羅大眾未必會立刻把現有的器材扔掉〔包括筆者在內，因為這樣既浪費又不環保〕，所以大部分人可能不會於短期內在家中欣賞 3D 電影。 然而，大家可能有所不知的是，如果我們說的不是電影而是音樂，則現在大部分人安坐家中，已經隨時可以享受得到 3D 音響的樂趣！

3D 音響的享受

在未解釋這是甚麼一回事之前，讓我們先看看一個真實的笑話——話說有一個人想購買一套較優質的音響設備，於是前往一間高級的音響店試聽。音響店的服務員接駁好一套不錯的器材〔播碟機加擴音機加揚聲器〕，並選了一些錄音特別出色的音樂來播放。

聽了好一會兒音樂之後，這個人感到十分之滿意。服務員滿以為這單生意非常順利，正打算為客人開單，怎料這個客人突然皺起了眉頭跟他說：「這套器材好是好了，但我想我們要需要換過另一對揚聲器。」

服務員十分詫異地問道：「揚聲器有甚麼問題嗎？」

客人的回答是：「身為音響店員的你不是聽不出來吧！揚聲器一直都沒有發出半點聲響呢！」

各位朋友，如果你如今已笑得捧著肚皮，你當然已經知道我在說甚麼；但假如你的頭頂上方仍滿是問號的話，請你繼續看下去吧。

單聲道 vs 立體聲

上述那個客人批評揚聲器〔即香港人所稱的「喇叭」，內地稱作「音箱」〕「沒有發出半點聲響」，當然表示他完全不明白甚麼叫「立體聲音響」〔stereophonic sound ，又簡稱 stereo〕。

讓我們回顧一下歷史。在未發明攝影之前，影像還可以透過繪畫作出一定的記錄。但聲音是一瞬即逝的東西，一旦產生即會隨風飄逝。愛迪生（Thomas Edison）於 1877 年發明「留聲機」（gramophone）是這方面的一個突破。

留聲機發明的初期，只有一個喇叭（這兒稱為「喇叭」當然絕對恰當），聲音只會從一處播放出來。這種聲音播放我們稱為「單聲道音響」（monophonic sound）。

隨著技術的不斷改良，上述的留聲機逐步轉變為分體式的唱片機加擴音機加揚聲器，而音質也不斷地提升。但真正的突破，來自上世紀五十年代初的「立體聲錄音」。

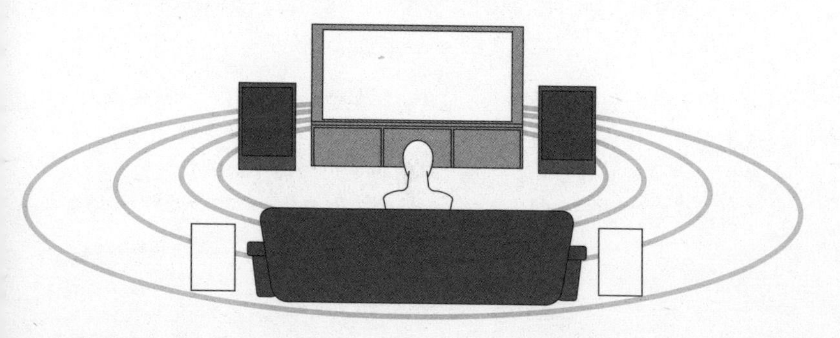

立體聲的製作方法

在科技上來說，這其實不涉及重大突破，但從效果上來說，這卻帶來煥然一新的驚人感受。為甚麼這樣說呢？原來所謂的「立體聲」，只是利用多於一個「拾音器」〔香港人多按英語 microphone 音譯而稱「米高峰」，又或簡稱為「咪」〕來錄音，而在播放時則透過多於一個揚聲器來發聲。關鍵之處在於——不同揚聲器將播放不同拾音器所錄取得的聲音。

經過了多年來的試驗，立體聲的錄音和播放已經成為了一門十分成熟的工藝技術。在錄音方面，拾音器的數目可以由最少兩個到最多十幾二十個；但在播放方面，人們發現只需兩個適當地擺放的揚聲器，即可重現出完全立體的、如幻似真的 3D 音響世界。

也就是說，無論拾音器有多少個，它們收錄的信息都會透過「混音」(mixing) 而轉化為兩條「聲軌」(sound tracks)，然後才交給一左一右的揚聲器播放。

營造樂隊現場演奏的效果

啊！這是何等震撼的播放呀！在一套優質的播放系統中，只要我們閉上眼睛，我們所聽到的人聲和樂器將會有「前、後」、「左、右」、「高、低」、「遠、近」的分別，感覺活像一隊樂隊就在我們面前演奏！

在發燒音響 (audiophile world) 中，上述的效果叫「結像」和「定位」，再加上「堂音」和「空氣感」等效果，便可達至一種置身其中的現場感。也就是說，我們毋須好像科幻電影中的主角帶上眼罩或頭盔，便可完全獲得一種「虛擬實境」(virtual reality) 的感覺！

聽不見揚聲器發聲才是高境界

讓我們回到方才的笑話之上。原來在優秀的立體聲播放其間，左、右聲道的兩隻揚聲器，會營造出一個上述的 3D 立體「音場」(soundstage)，而我們不應——請留意是不應——感覺到有任何聲音直接來自揚聲器！

事實上，揚聲器的聲音「離箱」是「高傳真音響」〔high-fidelity audio，即我們通常說的 hi-fi〕的一項最基本要求。

至於上文謂「大部分人家中都可享受 3D 音響」這個說法，可說既對亦不對，這是因為只要你的音響設備包含兩隻揚聲器〔今日的迷你音響系統一般都有〕，它們原則上即可營造出一個 3D 音場。但由於大部分人都沒有把它們適當地擺放，也不捨得花多一點金錢添置較優質的配對器材，是以立體聲音響雖然發明了超過半個世紀，但大部分人對它仍不大了了，甚至鬧出上述的笑話！

生存知識篇

天花亂墜
——由武漢肺炎回想奪命天花

剛踏進廿一世紀的第三個十年，導致「武漢肺炎」的「冠狀病毒」(Coronavirus) 引發全球恐慌。大家除了回想起 2003 年「嚴重急性呼吸系統綜合症」(SARS，音譯「沙士」) 的慘痛經歷之外，亦有不少人指出，即使「流行性感冒」(influenza) 的病毒，大爆發時其實也可以非常恐怖。例如 1918 年肆虐全球的「西班牙流感大瘟疫」(Spanish flu)，便奪去了至少 5 千萬人的性命！

人類史上最可怕的病毒

然而大家是否知道，由病毒（而不是細菌）所引起的疾病，最可怕的不是「沙士」或「流感」，而是「天花」(smallpox)？相信上了年紀的人，很多都接種過「牛痘」以預防天花，而且手臂上仍會留有接種的疤痕。

當然，年輕的朋友可能連「天花」這個名稱也未聽過。這也難怪，因為世界衛生組織 (WHO) 早於 1980 年便宣布天花絕跡，而自從那時起，確實再沒有天花病出現過。(最後一個確診個案發生於 1977 年 10 月。)

不過，在此之前的數千年裡，天花是人類一個最大的詛咒，因為它的傳染性很高，而且染上之後的死亡率高達三成之多！按照估計，單在二十世紀，死於天花的人便高達 3 億，是兩次世界大戰死亡人數的兩倍半。(相比起來，沙士的死亡率約為 14%，而武漢肺炎的死亡率截至 2020 年 2 月中的數字則約為 2%。)

天花之所以可怕，因為即使能夠痊癒，患者都會全身留有可怕的膿皰疤痕，有不少人還會因此而失明。記得筆者年幼時，如果飯後碗裡還剩下不少飯粒，長輩會告誡：「不把飯吃光，長大會變成『痘皮佬』（麻子）呢！」那時的我還大概知道「麻子」是甚麼，但今天的年輕人應該是不明所以。

接種疫苗：由「人痘」到「牛痘」

對付天花的最有效方法是接種疫苗（vaccine），而最原始的「疫苗」，就是從病情輕微的患者身上取得膿漿，並放到受接種者的一個傷口之上。後者會因此而染上輕微的天花病，但假如他能痊癒，便會終身都對這個病具有免疫力。

我說「假如」，是因為接種者也很有可能不治，所以這是個十分危險的方法。正因如此，雖然中國早於宋朝便已發明了這個「人痘接種法」，卻始終沒有被廣泛利用。

真正的突破出現在十八世紀末的英國。1796 年，英國醫生愛德華 · 詹納（Edward Jenner）在偶然的機會下，發現擠牛奶的女工似乎沒有感染天花的病例。及後的研究顯示，這些牛隻多患有牛痘症（cow pox），而女工受感染並痊癒之後，不但會對牛痘症終身免疫，對類近的天花病也會擁有免疫能力。

由於「牛痘」比起「人痘」安全得多，接種「牛痘」很快便受到推廣而成為對抗天花的有效方法。但留意這只是從預防的角度看，對於已經染病的人，醫學界至今未仍能找到一種針對性的特效藥，而只能以綜合性的方法來治療。

天花病毒恐成化武？

既然天花已經絕跡，為甚麼筆者會舊事重提呢？這是因為一個鮮為人知的秘密：原來天花的病毒仍然存在於世上，並且受到高度的保護！存在於哪兒？你可能驚訝地問。答案是分別存在於美國及俄羅斯的兩個具有最嚴密戒備設施的醫學實驗室。而最初保存的原因，是如果病毒一旦以變種的形式捲土重來，人類可以有樣本立即進行研究，以發展出對抗的方法。

細菌 VS 病毒

致病源	體積	結構	特點
細菌	較大 （約 1,000 納米）	單細胞原核生物，外層有細胞壁包圍	可自行繁殖並存在於日常環境，對人體有益或有害，當中**少於 1%** 細菌可導致人體患病
病毒	較小 （20-400 納米）	微生物，由基因組核酸和蛋白質外殼組成	不能自行繁殖，需要寄生於生物細胞中才可繁殖，**大部分**令人體致病，甚至會對細胞進行針對性攻擊

但天花絕跡已經四十年，世界衛生組織曾經多次呼籲兩國將病毒摧毀以絕後患。但一直以來，美國和俄國對此皆置若罔聞。不少人都認為，這是因為兩國都認為這些病毒是生化武器中的皇牌，當然不會輕易放棄啦！

內地科幻小說作家王晉康正以此為題材，於 2009 年發表了《十字》這本小說，其中大膽地假設中國亦秘密保存了這種可怕的病毒！劇情發展如何？恕筆者賣個關子，請大家從這本引人入勝的小說中自己尋找答案吧。

傳染性	可致疾病	預防及治療方法
具一定傳染性，但可控制 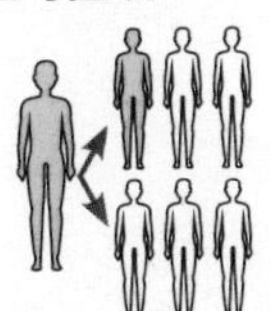	入侵人體可引致各種炎症，如肺炎球菌可引致肺炎、大腸桿菌可引致腸胃炎、金黃葡萄球菌可引致皮膚感染等	抗生素及外用消毒劑 
具強傳染性，且不易控制 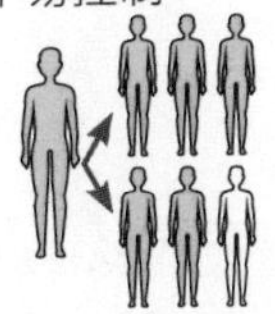	病毒可引起多種疾病，如：傷風、流感性感冒、水痘等；而較嚴重的疾病，則有：天花、愛滋病、乙型肝炎、SARS、禽流感及武漢肺炎等	目前沒有藥物能殺死病毒，主要靠人體自身免疫系統對抗病毒 

（病毒是可怕的，但相比起病毒，細菌在日常環境中更為無處不在，而更多有關「細菌」的生活有用知識，不容錯過本書以下幾篇文章：〈吃不吃的疑惑〉p.96、〈人形細菌殼〉p.100、〈微生物界的白老鼠〉p.102、〈醫生也濫藥？〉p.105）

殺菌消毒面面觀
——甚麼方法最有效？

筆者並非危言聳聽：我們的周遭都充滿著細菌和病毒！我們之所以沒有天天染病，是因為：

(1) 不是所有細菌和病毒都會令我們生病，以及

(2) 我們的身體有免疫系統（immune system），而在大部分時間裡，這個系統都能夠戰勝那些可以致病的細菌和病毒（統稱為「病原體」pathogens），令我們的身體保持健康。

然而，如果環境骯髒而病原體的數量過多，或是出現了一些我們的免疫系統無法識辨的新病原體，我們便會「打敗仗」而病倒。這時我們當然要接受適切的治療。但所謂「預防勝於治療」，最好的方法還是盡量保持環境的清潔衛生。而除了良好的生活習慣外，各種殺菌消毒的方法在此亦起了關鍵的作用。

高溫消毒法

長久以來人們都知道，如果水源不大乾淨，把水煮沸才飲用可以防止染病。但把這個常識推廣為一個普遍的「消毒」手段，還要等到十九世紀的下半葉。1864 年，法國科學家巴斯德（Louis Pasteur）正式提出「高溫消毒法」（high temperature sterilization），辦法是將需要消毒的物品（如很易變壞的牛奶和果汁等）加熱至 60-90%，然後立即將它與外界隔

▲將需要消毒的物品加熱至 60-90%，然後立即將它與外界隔絕。

絕，那麼這些物品便可以保存一段很長的時間。

為了紀念發明者，人們後來把這個方法稱為「巴斯德消毒法」（pasteurization）。下次大家到超級市場買鮮奶時，可以看看包裝上的字樣，總會找到「pasteurized」這個字。（有關巴斯德對「消毒」及「發酵」的發明，請參閱本書〈發酵的滋味〉一文 p.34。）

日常沸水殺菌法

在茶樓酒館用膳時，我們往往先用熱水來洗滌進食用的餐具。「這些熱水一般遠遠低於一百度，這樣做管用嗎？」你可能會問。答案是，大部分細菌確實在攝氏 70 度左右便會死掉，所以單從溫度看應有一定效用。問題是，這個溫度一般要維持至少 15 分鐘，所以我們在酒樓洗滌那十多秒的作用，可說是自我安慰居多。（更不要說酒樓上菜時用的碟子也不一定乾淨……）

▲大部分細菌確實在攝氏 70 度左右便會死掉，但溫度一般要維持至少 15 分鐘。

但高溫消毒確實可以解釋一個傳統智慧，那便是分娩時一定要先預備一大盆剛煮沸的熱水。這是因為初生嬰兒的抵抗力薄弱，出生後要為他（她）清洗，最安全必然是用曾經煮沸的水。不用說，我們需要等熱水冷卻到某個程度才可使用。

酒精消毒法

另一種常用的消毒方法是以酒精擦拭要保持清潔的表面（包括皮膚）。雖說「常用」，但這兒卻包含著一個未必人人知曉的科學原理。首先，大家可知一般消毒用酒精都不是純酒精，而是加了水分的 70 – 75% 酒精嗎？「酒精既可殺菌，用 100% 濃度的不是更為有效嗎？」你可能會問。但大家有所不知的是，酒精之可以殺菌，是因為它可以令細菌中的蛋白質出現凝固現象（coagulation），從而令細菌的新陳代謝停頓。但假如酒精的濃度過高，細菌表面的蛋白質會急速凝固，形成一層保護膜，從而阻止酒精進一步滲入細菌體內。因此，100%的酒精殺菌效果反而會較差。

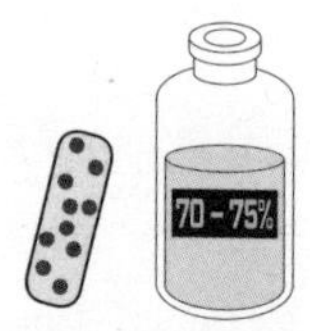

▲70－75% 酒精可以令細菌中的蛋白質出現凝固現象。

在電影裡，我們偶有看見人們在危急中以我們所飲用的酒（如白蘭地）來消毒（例如在取出箭頭或子彈之前），那又是否有用呢？研究顯示，如果酒精濃度低於50%，殺菌的能力會大減。一般烈酒如白蘭地或威士忌的濃度只有40%左右，所以殺菌的作用其實不大。今天的醫學界並不贊成用飲用酒來為傷口消毒。如果有碘酒最好用碘酒，如果沒有的話，最好是把傷口用清水洗乾淨，然後包紮好並盡快求醫。

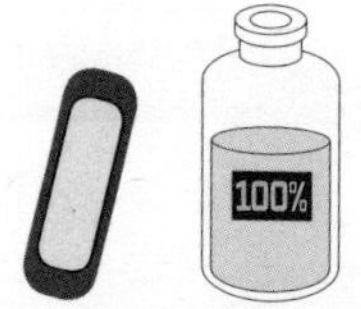

▲太高濃度酒精會在細菌表面成一層保護膜。

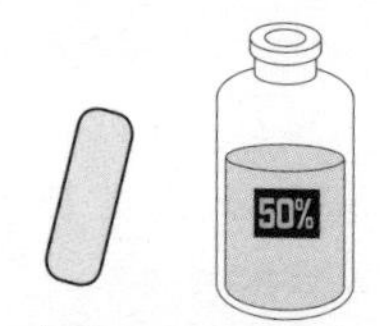

▲酒精濃度低於 50%，殺菌的能力會大減。

漂白水消毒法

大家都可能知道，家居清潔用的漂白劑（bleaching agent）也有很好的消毒作用。一般而言，1:99 的稀釋溶液已經足夠，如果要清潔特別污穢的表面，可以用較濃的 1:49 溶液。但有一點要留意的，就是稀釋時不能用熱水，因為高溫會破壞其中的有效成分。（未稀釋的漂白劑具有腐蝕性故不應直接使用。）

▲熱水會破壞漂白劑中的有效成分。

其他：氯氣、紫外線消毒法

由於漂白劑具有毒性不可飲用，所以要令游泳池保持清潔，人們又發明了在水裡加進氯氣（chlorine）的消毒方法。此外，強力的紫外線可以殺菌，所以一些外科手術用具也會以此消毒才被使用。

總括而言，「殺菌消毒」可說是人類和致病的微生物一場無休止的戰爭。但正如不少醫護人士指出，在日常生活中，養成良好的衛生習慣才是最重要的。

▲養成良好的衛生習慣，勤洗手。

大都會、小道理
——為甚麼城市東部的樓價較高？

大家有沒有留意到，在外國的一些大城市，東部的樓價，一般會較西部的為高？當然背後的原因往往十分複雜，但其中一個原因，則是筆者多年前首次在外國探望朋友時發現的。

這個原因便是——太陽是東升西落的！

日照與城市樓價的關係

不要以為我在說笑。事實是，一些我們以為不值一提的最基本常識，在不同的環境下，往往會帶來意想不到的影響！太陽東升西落，對樓價的影響是這樣的——由於外國相對於香港而言地大人稀，因此除了市中心最繁盛的商業區外，城市其他部分都不會有太多高樓大廈；而外國人為了追求更高的生活質素，往往選擇居住在遠離市中心遠一點的近郊（suburbs），是以上班下班時都要駕車。

聰明的你想到之間的關係了嗎？關鍵在於——人們如果住在城西，則早上駕車上班時，便會面向著太陽駕駛，下班時也同樣會朝著太陽方向駛去。相反，住在城東的人，則上班下班時都是背向著太陽。

不要小看這個簡單的分別。從小在香港這個「石屎森林」長大的人可能無法領會，長時間眼睛向著太陽駕車〔即使已經帶了太陽眼鏡〕是如何辛苦的一回事！

然而如果太陽的角度很低，即使是背向著太陽駕駛，其實也有一點兒問題，因為在猛烈的陽光下，交通燈是紅燈亮了、還是綠燈亮了？有時也真的難以辨別。

筆者曾經在外國生活多年，所以這些都來自親身的感受。

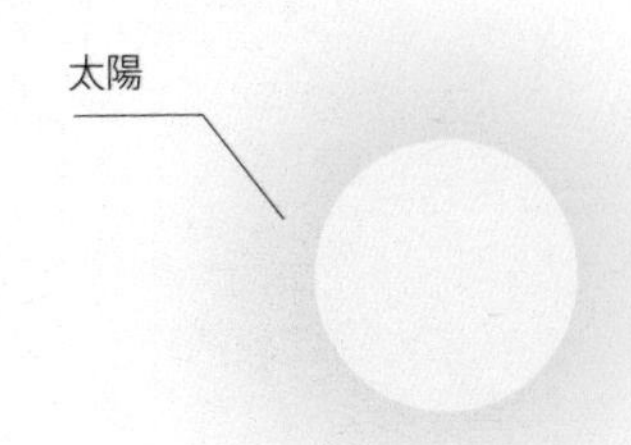

西 ← → **東**

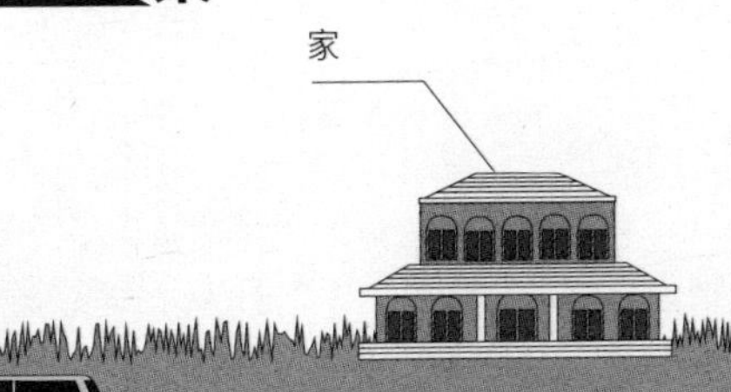

▲上班族早上由家裡開車出門，他駕車背著太陽（東邊）前往辦公室（西邊）。

都市化的巨浪
——你想住在城市還是農村？

相信正在閱讀這篇文章的你都是城市中人吧。若是的話，你當然會覺得住在城市裡是最自然不過的事情。但你有沒有認真地想過——在人類漫長的歷史中，住在城市還是農村，才是常規？

城市人 vs 鄉村人

「你是在說遠古的歷史吧？」這可能是你即時的反應。不錯，過去數千年來，人類文明的一個主要發展方向是「都市化」（urbanization），亦即是愈來愈多的人住在都市裡。由此你可能得出一個印象，就是過去數百年來，住在農村的人在全球人口中已經只屬少數。

你這樣想便錯了。事實是——

直至上世紀末，住在農村的全球人口，仍然較住在城市中的人口為多。然而，按照聯合國統計，當人類踏進二十一世紀之時，全球的城市人口的確首次超越了農村的人口。在人類文明的進程中，這可說是一件頭等的大事！人類終於成為了一個「都市族類」（urban species）。

中國是一個農業大國。記得筆者於 1997 年在北京進行博士論文的實地研究時，當地的被訪者還不時提到：「中國的人口中有接近三分之二是農民，要中國於短期內進入一個知識型的信息社會是十分困難的一回事。」

然而，只是短短的十多年，由中國官方所公布〔2010年〕的全國人口普查結果，其中一項最惹人注目的，正是城市人口已佔全國人口的一半。也就是說，即使是中國也已進入了「都市時代」。

都市化孰好孰壞

「都市化」是一件好事，還是一件壞事？

這是一個龐大又複雜的問題，完全可以成為學校裡通識科中一個專題探究和激烈辯論的題目。我們在這篇短文裡當然無法給出一個全面的答案。

但筆者想在此指出——既然城市生活已經成為人類的主要生活模式，則這些「城市人」的能源供應、食水供應、糧食供應、廢物處理、交通運輸等問題，如何能夠真正達到「可持續」發展？而城市和農村的長遠關係究竟應該為何？這都是我們必須全面和深入地思索的問題。就筆者所見，完全靠「自由市場經濟」的安排，已經把我們帶到一個十分危險的境地！

近年來，不少大都市中的年輕人，都興起了「返璞歸真」、「回歸田園」、「鄉郊保育」、「心靈綠化」、「本土經濟」、「農業復耕」，以及重建「在地社群價值」的思想。這些傾向面固然值得我們欣賞，但畢竟今天世界的人口已較一百年前大了四倍多，要令以上的嚮往超越浪漫主義的層面，我們必須發揮高超的創意和擁抱尖端的高新科技，否則嚮往便永遠只能是空想。

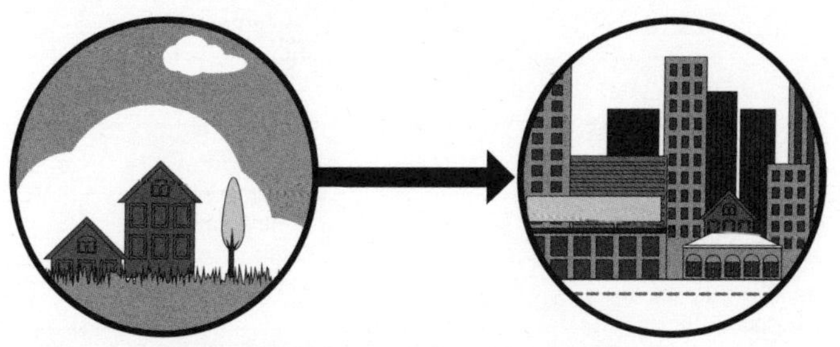

▲都市化是指鄉村人口流向、集中到都市的過程。

臭氧洞知多少

——天氣報告為甚麼會提及「紫外線指數」?

前文談到日光照射的方向與城市人上下班的關係。關於日照的討論，我們少不免要談到「紫外線」(ultra-violet ray)。相信大家每日都有看電視的天氣報告吧？不錯，千變萬化的天氣的確引人入勝，亦在在影響我們的日常生活。但大家有沒有留意，在本地的天氣預告之後，報道員還會提到翌日的「紫外線指數」呢？大家又有否進一步想過，「紫外線」究竟有甚麼特別，值得我們天天都關注？

我可以告訴大家，在筆者唸書的年代〔包括大學時期〕是沒有這種報道的。紫外線指數的制訂和報道，是科學家於上世紀八十年代中期，基於在南極上空發現了「臭氧洞」(ozone hole) 之後才出現。也就是說，這種每日都出現的報道至今只有三十年左右。

根據「世界衛生組織」制訂的「紫外線指數」所代表的「曝曬級數」

紫外線指數	曝曬級數
0-2	低
3-5	中
6-7	高
8-10	甚高
>= 11	極高

臭氧層和臭氧洞

話說於 1985 年，一支英國南極科學考察隊伍在探測大氣的成分變化時，無意間發現了南極上空「臭氧層」(ozone layer) 的臭氧濃度比正常的低很多，這個發現不但令科學家感到詫異，也引起了全世界廣泛的關注甚至恐慌！

為何會出現恐慌？那便要先了解臭氧層是甚麼東西，以及臭氧洞有甚麼可怕？

原來地球的大氣層，主要分為「對流層」(troposphere)、「平流層」(stratosphere)、「中間層」(mesosphere) 等各大層次。而所謂「臭氧層」，是位於平流層之內的薄薄一層。

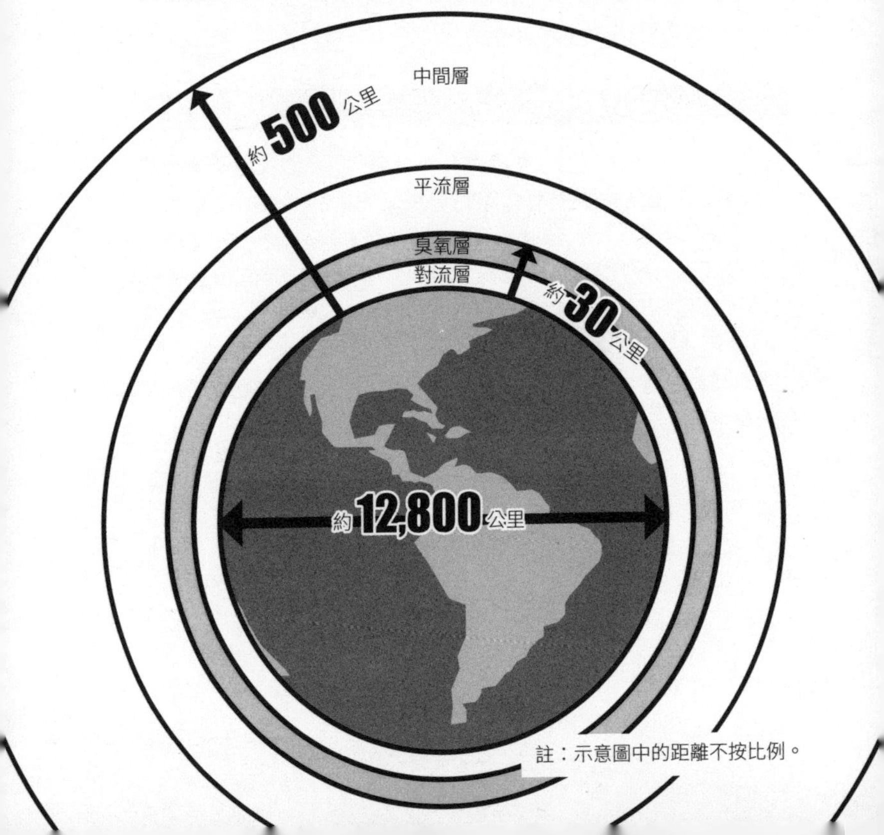

在這個離地面約 20 至 30 公里的層次，因為空氣受到太陽輻射中的紫外線激發，產生了大量由三個「氧原子」所組成的「臭氧」〔我們所熟悉的氧氣乃由兩個氧原子組成〕，正正是這些臭氧，起著吸收和阻隔紫外線的作用，令到抵達地球表面的紫外線強度大減。〔順帶一提的是，我們乘搭長程客機往外地時，之所以大部分時期都晴空萬里，是因為我們身處的高度，已經在包含著天氣變化的對流層之上。〕

科學家的分析顯示，臭氧濃度下降的結果，是地面的紫外線強度上升，最大的影響是皮膚癌病發率上升！而眼睛出現白內障的機會亦大增！不是危言聳聽，沒有了臭氧層的保護，不單止人類，地球上大部分的生物都會因此而遭殃！

那為甚麼會出現臭氧洞？

人工化合物惹的禍

科學家的研究發現，南極臭氧洞原來早於上世紀七十年代便已出現，元兇是從那個時代開始被廣泛使用的一種人工化合物「氯氟化碳」〔chlorofluorocarbons，簡稱「CFCs」〕。這種又稱「氯氟烴」或「氯氟碳化合物」的產品，是一個系列的化合物，它的多種用途包括作為製冷設備〔如冷氣機、電冰箱〕中的冷凝劑〔商用名稱是「氟利昂」，Freon〕、壓縮噴霧裝置〔如噴髮膠、空氣清新劑〕中的液態載體，它也是發泡膠（styrofoam）的成分之一。

然而，這些化合物一來極難於自然界中分解，二來在散逸至大氣高層之後，會嚴重地破壞臭氧。在南極上空極低溫的環境加上大氣環流的配合之下，這種破壞遂產生了臭氧濃度極低的臭氧洞。〔留意臭氧洞內的空氣密度其實與外面的一樣，只是空氣中的臭氧比例偏低吧了。〕

不久之後，科學家連在北極上空，也有類似的發現！〔雖然臭氧消失的程度沒有南極那麼嚴重。〕

有見於這種變化帶來的危害，自 1987 年的《滿地可條約》(Montreal Protocol) 簽署以來，各國政府都逐步禁止氯氟化碳的使用，而兩極的臭氧洞亦已穩定下來沒有進一步擴張。但按照科學家的推算，南極臭氧洞要完全消失，最快也是本世紀下半葉的事情。

防曬工夫不可少

紫外線固然可以為我們來帶古銅色的漂亮膚色，但長期曝曬肯定對身體有害無益。要減低紫外線帶來的傷害，我們應該盡量避免長時間暴露於烈日之下。若無法避免，則必須做好防曬措施，包括開傘、帶帽、戴太陽眼鏡和經常塗太陽油等。

至此，大家應該明白天氣報告為何要包括「紫外線指數」了吧！

不見得的光
——紫外線暗地裡發揮了甚麼作用？

本篇再來談多一點點紫外線。你有親眼見過紫外線嗎？請千萬不要答「有」！因為這會顯示你嚴重缺乏科學常識！為甚麼？因為紫外線是肉眼無法看得見的。

稍為有點物理學常識的讀者都應該知道，肉眼可以見到的光線〔稱「可見光」(visible light)〕，其實是一種由「電磁場振動」(electomagnetic field oscillation) 所產生的「電磁輻射波」(electromagnetic wave)。但電磁輻射波所涵蓋的波段，卻遠遠超出可見光的範圍。

看不見的光譜

牛頓於 1666 年以一塊玻璃稜鏡 (prism) 把太陽的白光分解為「紅、橙、黃、綠、青、藍、紫」七色，我們稱為「太陽的光譜」(solar spectrum)。往後的科學家發現，原來在光譜那紅色的盡頭以外，還有一種肉眼看不見的輻射，即「紅外線」(infra-red ray)，而在光譜的紫色盡頭以外，也同樣有我們看不見的「紫外線」。

一個基本的認識是——太陽光譜中的紅光，其波長 (wavelength) 最長〔約 1 毫米的萬分之七〕，而頻率 (frequency) 和能量則最低。向著紫色那端移動，波長會變得愈來愈短，相對於其他顏色〔物理學術語是「波段」或「頻譜」〕，紫光的波長最短〔約 1 毫米的萬分之四〕，而頻率和能量則最高，這也說出了紫外線具殺傷力的因由。

前文提及太陽照射出來的紫外線對人體有害，不過聰明的人類經過科學分析之後，又分別好好地利用了紅外線及紫外線，例如我們家中的電視機遙控器，就是應用了紅外線來感應開關；至於本身具有殺傷力的紫外線，人們則日益用來殺菌，銀行又會用來驗證鈔票。

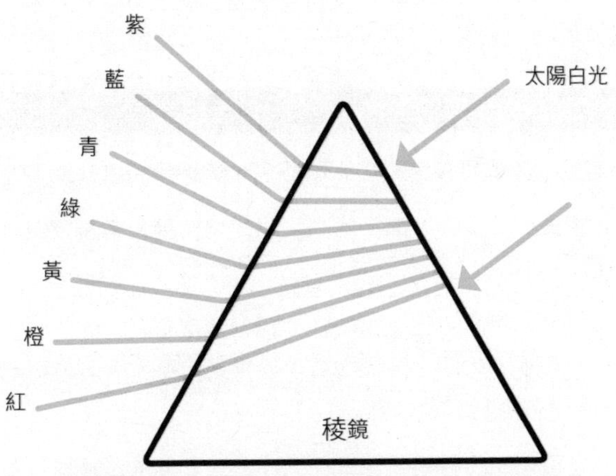

▲經稜鏡折射，太陽白光可分解為「紅、橙、黃、綠、青、藍、紫」七色，但紅和紫光兩端以外，其實還有肉眼看不見的紅外線和紫外線。

紫外線殺菌原理

原來高能量的紫外線能夠令細菌核心的 DNA 斷裂，使細菌無法複製繁殖及合成主要的蛋白質，最後衰變死亡。以往紫外線消毒多數用於醫院，近年來一種專門設計給家居使用的「紫外線殺菌燈管」開始流行，製造商標榜這種裝置不單可以殺菌，更可潔淨空氣、食水、除塵和滅蚊等。中國大陸的家居多年前已經頗為流行使用以紫外線消毒的「烘碗碟櫃櫥」，不過可能香港地方較狹窄，始終沒有流行起來。

慎用紫外線消毒家居

雖說紫外線已被應用於家居殺菌，但必須指出的是：

(1) 紫外線會嚴重傷害眼睛，故使用這種殺菌燈管時必須十分小心；

(2) 紫外線的殺菌能力與它的輻射強度有關，而這個強度又和距離有關，簡單地說，如果距離不夠近，便可能達不到滅菌的效果；

(3) 製造商的聲稱往往有誇大成分，我們千萬不要以為有了這種先進殺菌的手段，便對家居的清潔衛生掉以輕心，結果弄巧反拙；

(4) 這些燈管是有壽命的，它效力衰減時我們不及時替換的話，結果也可能適得其反。

紫外線驗鈔原理

最後也在此指出一點，紫外線之所以可用來檢驗鈔票的真偽，是因為它可令一些用隱形油墨印製的圖案和字樣顯現出來〔即發出可見光〕。

還記得本文開始時問過的問題？——「你有見過紫外光嗎？」

或者你會疑惑，當我們使用驗鈔機時，不就是會看見紫藍色的燈光嗎？但請不要誤會，原來這種紫藍色燈光，乃是由驗鈔機器發射紫外線時所產生的副產品而已，並非紫外線的真身。真正的紫外線，始終是我們人類肉眼不可看得見的呢！

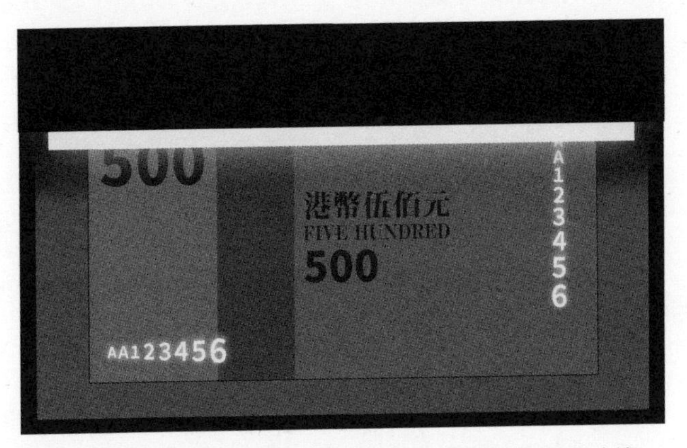

▲以港幣伍佰元為例，驗證真偽的其中兩處，是留意左下角及右邊逐漸變大的號碼，於紫外光下發出熒光紅色。

無處不在的電波
——日常應用的無線電波對人體有害嗎？

以「X- 射線」〔俗稱「X- 光」〕透射人體的技術，為醫學診斷帶來了一場革命。但大家可能亦知道，這種射線對人體有害，所以不能照得過密。而懷有胎兒的女性，更應避免受到照射。

電磁輻射波的波長與能量

略懂物理學的朋友都知道，X- 光和紫外線、可見光、紅外線、微波、無線電波等一樣，都是「電磁輻射波」（electromagnetic waves）的一種，而這些波的能量，和它們的波長（wavelength）成反比。

由於紫外線的波長較可見光為短，而 X- 光的波長又較紫外線為短，所以紫外線的能量比可見光強，而 X- 光的能量又比紫外線強。正因如此，紫外線可以用來殺菌，而殺傷力更強的 X- 光則必須更小心地使用。至於波長更短的核輻射「伽瑪射線」（gamma ray），我們更是應該避之則吉。

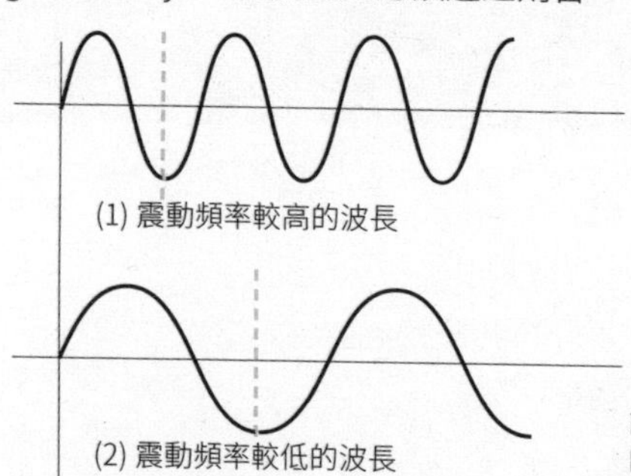

註：這只是示意圖，實際的長度較圖中的短億兆倍。

▲ X- 光的波長（上）較紫外線的波長為短（下），故有更大的殺傷力。

這樣看來，波長較可見光為長的電波，如紅外線、微波、無線電波等，在能量上較可見光為低，所以應該十分安全，對嗎？

答案是：既對又不對。

之所以對，是因為由於能量較低，它們大部分對人體並不構成傷害，並且已經被廣泛應用到日常生活之中〔例如：紅外線遙控器、電台和電視廣播、互聯網無線網絡〕，以至我們今天乃生活在一個充斥著各種電磁輻射的「電波海洋」之中。

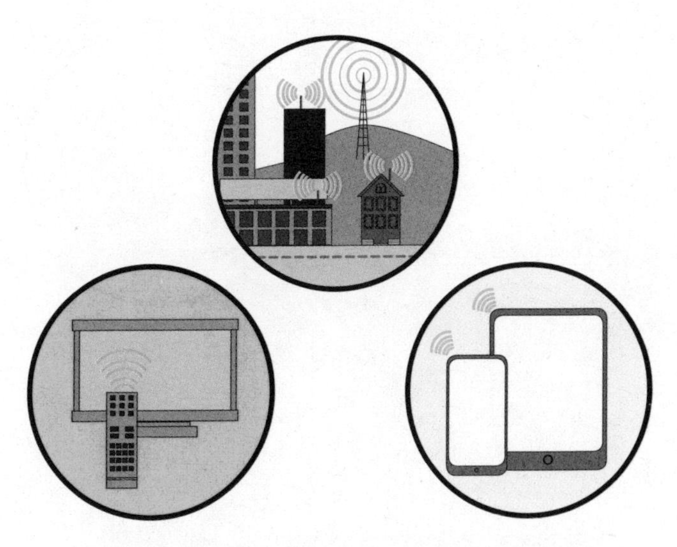

▲我們今天生活在一個各種電磁輻射無處不在的「電波海洋」之中。

之所以說不對，是因為某些這類的電波原來可以和物質中的一些成分發生特殊作用，從而產生有害人體的結果。各位是否知道在家中便很可能有這樣一種電波的產生器？

筆者說的，是今天不少家庭都擁有的微波爐（microwave oven）。

安全使用微波爐

微波的波長比可見光長，能量的確比較低，但原來它的振盪頻率（oscillating frequency），剛好和水分子的振盪頻率相約，令能量很易被食物中的水分吸收，這正是微波爐可以將食物加熱甚至煮熟的原理。

▲微波爐的振盪頻率和水分子的振盪頻率相約，因此電波能量很易被食物中的水分吸收，這正是微波爐能將食物加熱的原理。

微波爐剛推出時，確有不少人擔心如果輻射外洩會影響健康。但研究顯示，微波爐的設計可以將絕大部分輻射屏蔽起來，所以不會對人體造成威脅。但即使如此，不少人都指出我們在使用微波爐時，應該與它保持一定距離，以減低不必要的風險〔因為屏蔽作用可能日久失收而下降〕。

與電波保持距離

微波除了用於煮食之外，還被廣泛應用於電達（radar）偵測和通訊，雖然所用的波段〔即波長或頻率〕與煮食的微波有所不同，但筆者記得多年前在天文台工作時，一眾負責電子工程的同事都跟我說，盡量不要站在無論是發射還是接收的大型碟形天線之前，以免受到過量微波的照射。

那麼能量更低的廣播用無線電波應該沒有問題了吧？你可能會說。的確，從來沒有任何證據顯示充斥各處的電台和電視廣播電波對人體有不良的影響。但上世紀下半葉有過一段時間，人們擔心輸電用的高壓架空電纜所發出的超低頻率無線電波〔雖然能量十分之低〕會誘發癌症，特別是導致兒童出現血癌。筆者記得多年前旅居澳洲悉尼時，與一位同樣移居悉尼的舊同事談起買房子的問題，他說曾經看中一幢非常合意的房子，卻因為附近有高架電纜而被迫放棄。其實科學界的研究從來找不出超低頻電波和血癌病發率之間的關係，但人的心理作用往往是無法克服的。

近年來最惹人關注的，自是手提電話和無線網絡（Wi-Fi）對人體的影響。大部分研究都指出有關的電波對人體無害，但一些人則報稱長時間用手機引致頭痛。無論如何，晚上充電時把手機放遠一點即使沒有科學根據，但睡得安心點又何樂不為？

「膚」之欲出
——人體最大的器官是哪一個呢？

如果要你猜的話，你認為人體最大的器官是哪一個呢？心臟、大腦、胃、肺、肝、大腸？都錯了！

人體最大的器官，是一般人都不會把它當作器官的，那就是——皮膚。

對身體器官的誤解

不錯，皮膚的確是我們身體的一個器官。它的結構複雜，而且功能十分重要。簡單而言，它是保護為我們不受外界侵害的第一道防線！

一般人不把它看成為器官，那是因為我們以為器官必然是被我們的身體包裹著的。其實只要想想便知這個觀念是錯誤的。我們的眼睛、鼻子、耳朵和生殖器官等，都有很大部分暴露在外。皮膚較為獨特，是因為它基本上完全暴露在外。

皮膚有多大？

究竟皮膚這個器官有多大？按照科學家的計算，一個正常成年人的皮膚，總面積可達 2 平方米之多！如果將這個面積當作一個球體的面積來看，那麼這個球體的直徑將達 80 厘米。

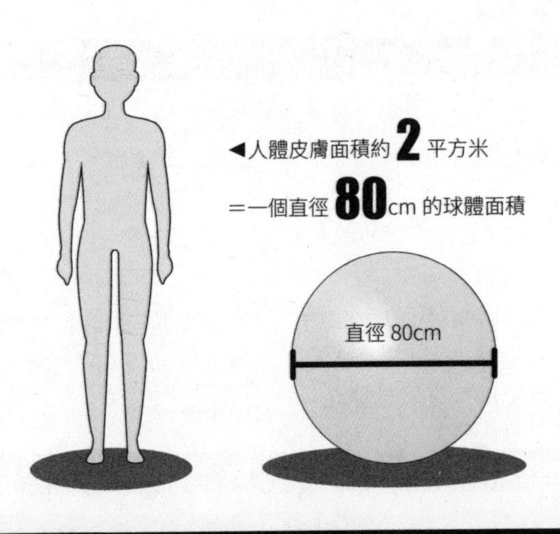

皮膚有多厚？

那麼皮膚的厚度又如何呢？原來我們身體各處皮膚的厚度並不均一，最薄的是臉皮，特別是眼部附近的，只有半毫米左右；而最厚的一般在手腳上，特別是腳跟那兒的，可達 4、5 毫米。當然，動物的皮往往較人類的厚得多，例如犀牛的皮便可達 50 毫米，而我們用的很多皮革製品都來自牛皮和羊皮，它們一般都有數毫米厚。

◀一個人不同部位的皮膚厚度：

臉皮（特別是眼部附近）0.5 mm、

手腳（特別是腳跟）為 4～5 mm。

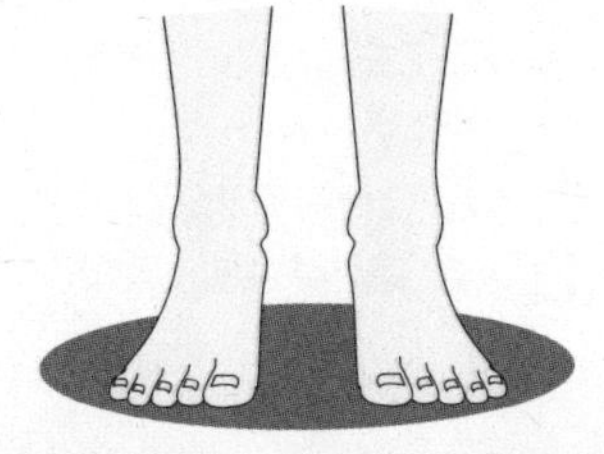

皮膚的結構

不要以為皮膚就只是包裹著我們軀殼的一層物質，它其實擁有複雜的結構。人類和其他哺乳動物的皮膚，都分為「表皮」(epidermis)、「真皮」(dermis) 和「皮下組織」(hypodermis) 三層，而密集的「供血網絡」、「淋巴網絡」(lymphatic network) 和「神經末梢」(nerve endings) 則貫透於三個層次。另外，一些附屬結構，如指甲、毛髮、汗腺等，都是皮膚的一部分。而「毛囊」(follicles) 和「乳腺」(mammary gland)，則是哺乳動物特有的兩個構造。

皮膚的功能

透過這些結構，皮膚起著防止身體受損、阻礙細菌入侵、保存水分、調節體溫〔透過排汗作用〕、以觸角 (sense of touch) 感知外部世界〔冷熱、軟硬、粗滑等〕，以至為初生幼兒提供養料〔乳汁〕等的重要作用。

皮膚受傷怎麼辦？

作為身體的第一層保護，皮膚當然有機會受到損傷。如果傷口輕微的話，身體可以自行產生「膠原蛋白」(collagen) 和「纖維蛋白」(fibroblast) 等去修復〔結疤〕。但假若傷口太大，就要進行植皮手術，最常見是將身體健康部位〔如臀部〕的皮膚移植過去〔健康部位在悉心料理下可自我復原〕。由於大面積的皮膚傷害在火災裡很常見，因此世界各地對皮膚替代品的需求也很大。

由於皮膚表面滿布了神經線，無論是被火燒傷、被高溫液體熨傷、或是被腐蝕性液體灼傷等所引致的痛楚，都是所有創傷中最大的。而即使經過治療，我們防禦疾病感染的能力也會大大下降。所以，大家必須好好保護自己的皮膚〔包含不要長時期暴露在烈日之下〕，以讓它能好好保護身體呢。

關於不同膚色的人種

最後想和大家談談膚色的問題。世界上不同地區的人有不同的膚色，這是因為經歷了漫長的演化，皮膚因應不同的日照強度〔主要是其中具殺傷性的紫外線〕而產生不同的「黑色素」(melanin)，以對我們的身體起著保護的作用。

人類曾經以不同的膚色以判定一個人的高低價價，甚至據此以作出歧視和迫害，這是全無科學根據也有違道德的！這種觀念好應該被拋進歷史的垃圾堆！

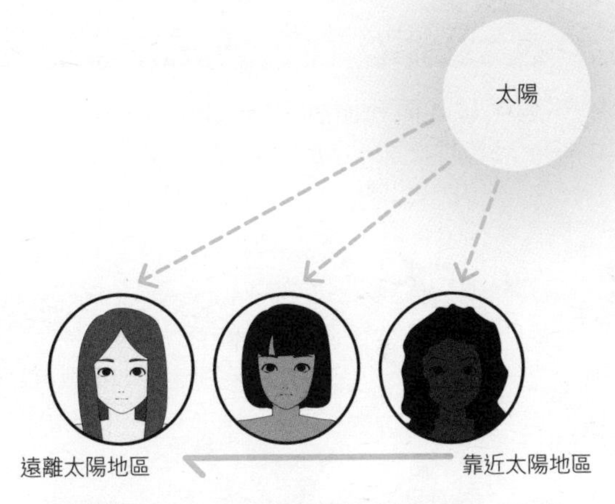

▲不同地區的人有不同的膚色，是因為皮膚在不同的日照強度下，產生不同的「黑色素」來作保護。

吃不吃的疑惑
——細菌與抵抗力

大家有沒有想過，如果我們不小心把一片麵包〔或其他食物〕掉到地上，但我們眼明手快立刻把它拾起來，那麼這片麵包是否還可以進食？抑或它已經沾滿了細菌〔bacteria，單數是bacterium〕，而不適宜食用呢？

富於科學頭腦的你，可能立刻想到，答案當然在於——「地面有多骯髒？」、「麵包跟地面接觸的時間有多久？」、「我們的抵抗力有多強？」等多方面的因素而定。

▲噢！麵包掉了到地上，還吃不吃？

環境因素的考慮

不錯，家中剛清潔過的地板和菜市場的地面的清潔程度，顯然大為不同！而非洲村莊一個小童把麵包拾起吃後可能甚麼事也沒有，但同一片麵包我們吃了卻可能要進醫院！

上述這個問題的一個要點是，麵包和地面接觸的時間儘管十分之短，它會否已沾有細菌而不能吃呢？

外國一些科學家便真的做過這樣的實驗！結果顯示〔猜到了嗎？〕——即使麵包只是掉在家中的地板之上，而接觸的時間亦只有零點幾秒，麵包亦會因此而沾滿了細菌！

個人體質的考慮

當然，我們進食後是否會生病？這確實跟各人本身的抵抗能力多強有關。一個簡單的常識是——幼兒和老年人、以及正在生病的成年人，都絕不應該冒這個險！但閣下若是壯健的成年人，則要由你自己在「浪費食物」和「健康風險」之間來作判斷了。〔吃了生病的話可千萬不要算到筆者的頭上啊！〕

其實在此想說的，是細菌實在無處不在。我們之所以不是每天都生病，是因為一方面我們擁有免疫能力〔抵抗力〕，另一方面則因為並非每一種細菌都有很高的致病性。

但事實是，在「抗生素」(anti-biotics) 尚未發明之前，而人們居住的衛生環境平均要比今天為惡劣的漫長歷史裡，大部分人一生中總經歷過受細菌侵襲而生病的痛苦，不少甚至因此而喪命！〔有關抗生素的發明和使用狀況，之後的文章 (p.105-107) 會有更詳細的討論。〕

常見細菌的殺傷力

即使到了醫學發達的今天，我們仍然不能對病菌掉以輕心。

好了，現在就讓我們扼要地看看，甚麼細菌威脅著我們的日常生活？

基於細菌在顯微鏡下的形狀，科學家最初把細菌大致分為「球菌」〔coccus，複數 cocci〕、「桿菌」〔bachillus，複數 bachilli〕和「螺旋菌」（spiral bacteria）幾大類，雖然今天的分類更為精細，但這個粗略的劃分仍然廣被採用。

・球菌

首先，讓我們看看球菌。球菌又分為「單球菌」、「雙球菌」、「鏈球菌」和「葡萄球菌」等多種類別。

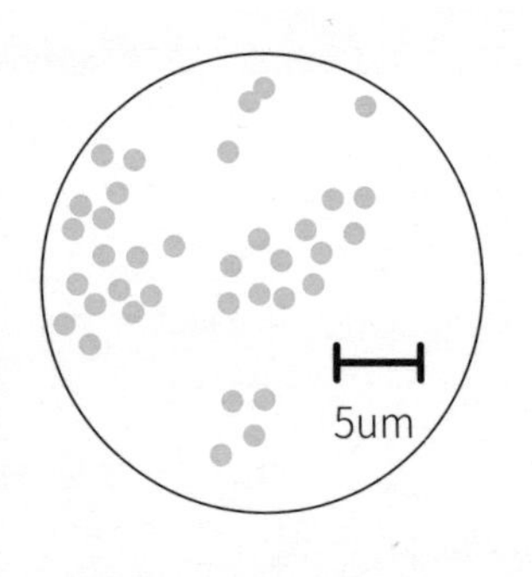

我們常常聽到的「金黃葡萄球菌」（Straphylococcus aureus），是很多發炎和膿腫性疾病的致病源，其中包括皮膚炎、鼻竇炎、尿道炎等。由於人們在過往不當使用抗生素，一部分病菌已經產生了很高的「耐藥性」，對治療造成一定的困難。

另一種常見的球菌，是「肺炎鏈球菌」（Steptococcus pneumoniae），這是引致中耳炎和肺炎的常見病原體，如入侵腦膜會引致腦膜炎，入侵血液會引致敗血病，所以是一種非常危險的細菌。

・桿菌

在桿菌方面，最普遍的必然是「大腸桿菌」(E. coli)。

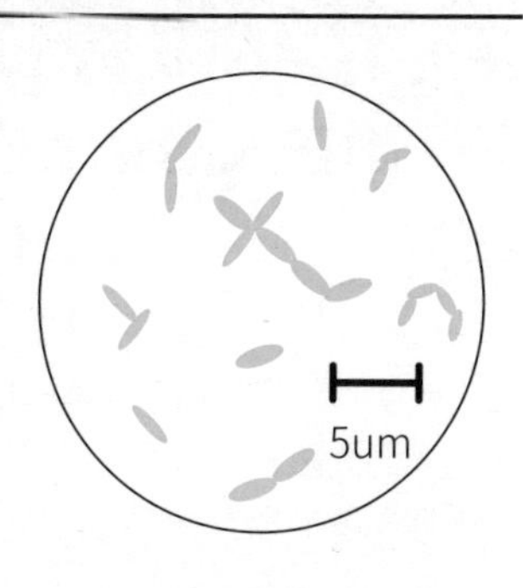

這種細菌大量地以共生 (symbiosis) 的形式寄居於我們的腸臟之中，並與我們關係良好。但我們若在環境中〔如透過糞便和生肉〕接觸到它，則很容易引致腹瀉、嘔吐、發燒等食物中毒徵狀。

食物中毒背後一個更大的「黑手」，是「沙門氏菌」(Salmonella)，這種細菌最易滋生於雞蛋外殼、奶製品、肉類、家禽與家畜身上，由於受污染的食物很難從外觀上辨識，所以很容易誤食而患病。

・螺旋菌

在螺旋菌之中，「幽門螺旋菌」(Helicbacter pylori) 是胃炎和胃潰瘍背後的元兇。

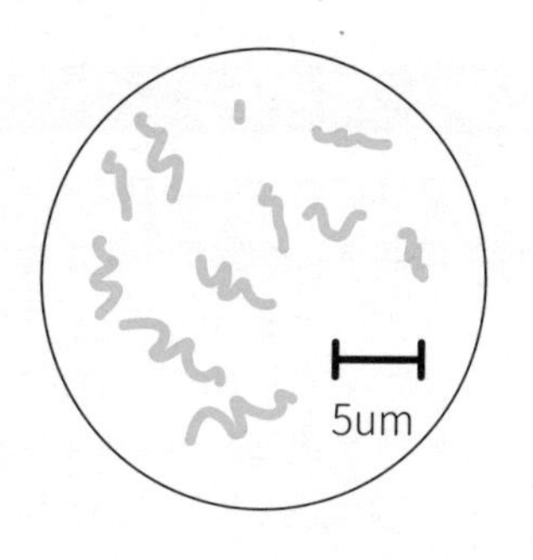

另一種與性行為有關的疾病「梅毒」(syphilis)，則是由一種「梅毒螺旋菌」(Treponema pallidum) 所引致，這種疾病過去很難醫治，但自抗生素的發明以來，已可以受到很好的控制。

人形細菌殼
——附在人體身上的細菌可怕嗎？

如果我說，地球上為數最多、以及整體質量最大的生物，原來是我們肉眼所看不見的東西，你是否會以為我在胡扯？但這卻是千真萬確的事實。

筆者在這裡所說的，不是甚麼懂得隱形的林中仙子或獨角獸，而是在上篇已討論到的、只能透過顯微鏡才看得見的細菌。

按照科學家的研究，細菌是地球上最初的生物，約於三十八億年前便已出現〔地球形成是四十六億年前的事〕。「病毒」(virus) 雖然較細菌原始，但科學家相信，病毒其實是由遠古的細菌「退化」而成的，所以出現的時代較細菌為晚。

數之不盡的細菌品種

地球上細菌的總數究竟有多少？上篇只提到其中常見的幾種，事實上科學家至今仍未有完全肯定的答案。這是因為過去數十年來，科學家不斷在一些之前以為無法有生命存在的地方發現了生命力極其頑強的細菌品種，這些地方包括十分嚴寒、高溫、高壓和酸、鹼度甚高的環境，例如冰層底部、火山、熱泉、地層深處和深海底部等等。科學家為這些生物起了一個名稱為「嗜極生物」(extremophile)。

考慮到細菌的無處不在，一些科學家估計，地球上所有細菌的總質量〔活動範圍可延伸至地下達 3,000 米深〕，有可能較所有動、植物加起來還要大！

附在人體身上的細菌

還有一點可能令大家驚訝〔也驚嚇！〕的是，無數的細菌正生活在我們每一個人身上！其中一部分在皮膚之上，更多則在我們的體內。

科學家曾經指出，如果我們能夠好像魔法一般把人體突然從半空中移走，則有一剎那，半空中仍會留下一個人形的「外殼」兼「內殼」，其成分正是各式各樣的細菌！〔大家是否已經渾身起了雞皮疙瘩呢？〕

「那麼我們不是應該一早便已病倒了嗎？」你可能會問。這兒我們必須弄清楚兩個常識——

第一、不是所有細菌都會致病的。

第二、即使有些細菌的確會致病〔這些我們稱為「病菌」〕，我們健康的身體擁有強力的免疫系統（immunological system），所以除非病菌十分強悍而我們的身體又有所損傷或免疫力下降的話，否則我們大部分時間也可將這些病菌摒諸門外，而牠們即使進入了我們的體內，也可以一一被殲滅。

有益的細菌

當然大家亦有聽過「益菌」這個名稱。原來一些細菌如「乳酸菌」（lactic acid bacteria）和部分「酵母菌」，不但不會致病，而且還有益於我們的健康。

其中大部分這些「益生菌」〔正式的學術名稱，英文是 probiotics〕居住在我們的腸道之內，牠們可以幫助我們消化食物、抑制腐敗菌的產生、製造維生素，以及促進鈣的吸收等。

微生物界的白老鼠
——大腸桿菌既有益又有害？

我們最常聽見也最使人困惑的細菌，必然是「大腸桿菌」（E. coli），這是因為這種細菌一方面大量居住在我們的腸道中，是一種「益生菌」，另一方面它有不同的品種〔學名是「株」，英文是 strain〕，而其中不少是可以致病的。我們吃了不清潔的食物會引致食物中毒，這背後的元兇，往往就是大腸桿菌。

一體兩面的細菌

讓筆者再一次告訴大家——就在這一刻，過千億的大腸桿菌，正在你的腸臟裡繁忙地活動中！

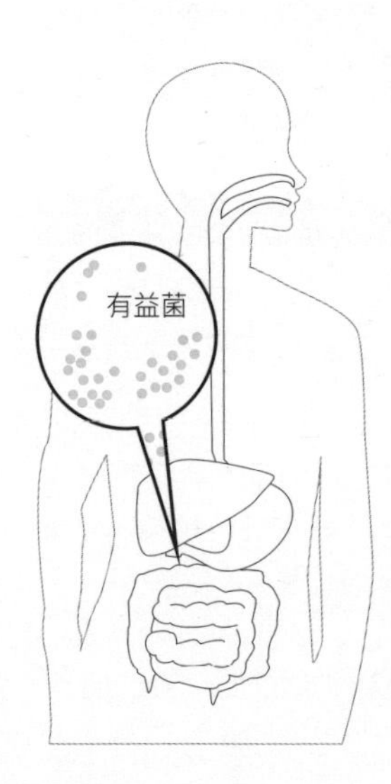

但大家不用驚慌。因為這些在人體內的大腸桿菌不但不會令我們生病，相反還會幫助我們消化食物中的某些醣分和蛋白質，並且幫我們製造維生素 K 和 B 複合群（Vitamin B-complex）等有益的物質。

在漫長的生物進化過程中，我們〔以及大量其他動物〕都已經跟這種細菌形成了一種「互惠共生」（symbiotic）的關係。事實上，人體的腸臟中，還有很多這類互惠共生的細菌，只是大腸桿菌最易被我們所研究，因此亦最為人所熟悉。

大腸桿菌的害處

雖然我們的腸臟中已經居住了大量大腸桿菌，但這細菌對我們還是具有威脅性！

剛才也提到，大腸桿菌有很多不同的種類，其中一些會釋放毒素〔例如一種叫 O157:H7 的品種〕，在飲食時，如果我們不慎吃了，便會引致食物中毒，輕則導致上吐下瀉，重則導致死亡〔特別是對於抵抗力較弱的小孩和長者而言〕！

邪惡的大腸桿菌身藏何處

有害的大腸桿菌最常出現的地方，是在我們〔包括人類和禽畜〕的糞便，以及在惡劣的衛生環境中，受到這些糞便所污染的食物和食水。

在先進發達的富裕國家，這種污染一般很少出現，但世界上有不少貧困落後的地方，人民的健康每天都受著這些污染的威脅。〔話雖如此，2011 年 5、6 月期間，德國爆發了一趟大腸桿菌的感染事件，近四千人受到感染，共五十三人不幸死亡！研究顯示，感染來自德國南部農場所生產的蔬菜，而源頭則是由埃及輸入的種子。〕

就日常生活習慣而言，避免大腸桿菌的感染，最重要當然是如廁後和進食前必須洗手，食水必須燒沸，食物也必須要煮熟才可進食。

而一些標榜可以生吃的肉類如日本刺身等，除了要確保新鮮和衛生外，還必須在預備好之後盡快進食，以免在室溫待著的時間久了，細菌便開始大量滋生。

可飲用的食水標準

在國際公認的標準中，我們從食水供應隨機抽取每一百毫升也找不到一隻大腸桿菌的話，食水才算適合人類安全飲用。要達到這個標準，我們可以用「氯氣」(chlorine) 等消毒劑，或透過強力的紫外線照射來把細菌殺掉。

微生物世界的白老鼠

最後值得一提的是，由於大腸桿菌既常見又易於培養，因此過去大半個世紀以來，被大量地用於各種科學研究上，近年來更廣泛地應用於遺傳工程學中的基因改造研究。

可以這樣說，很多人一想起生物學研究，便會想到實驗室裡的白老鼠，但在肉眼看不見的微生物世界，大腸桿菌的地位，與白老鼠可謂不遑多讓呢！

醫生也濫藥？
——抗生素帶來的生機與危機

大家都必然聽過「抗生素」(antibiotics) 這東西，甚至曾經在抱恙時按醫生的指示服用。大家亦可能有印象，醫生開藥時皆鄭重地叮囑：「無論病情如何好轉，都必須把藥吃完，不能半途而止！」

那麼抗生素究竟是甚麼藥物？為甚麼它的服用有這樣嚴謹的規定呢？

抗生素的發現

有一點可能令大家驚訝的是，人類的醫學少說也有數千年的歷史，但抗生素的出現，至今還不足一百年！

話說 1928 年期間，英國生物學家亞歷山大·弗萊明 (Alexander Fleming) 在倫敦大學進行微生物學的研究，在實驗室裡培養了大量的「金黃色葡萄球菌」(Staphylococcus aureus)，而他於夏天回鄉度假時，沒有把玻璃培養盤 (petri dish) 妥善蓋好。結果，到 9 月初他返回實驗室之時，發現這些細菌已被一些「黴菌」(mould) 所污染。

「黴菌」是甚麼？牠是一種十分普通的「真菌」(fungus)，例如我們把麵包放得太久便會「發霉」，而那些「霉」就是「黴菌」。

弗萊明的第一個反應，當然是要把受污染的葡萄球菌扔掉！不過幸好他這樣做之前作出了一個發現，而這個意外的發現，往後拯救了千百萬人的性命！

黴菌 vs 金黃葡萄球菌

弗萊明究竟發現了甚麼？原來他發現在黴菌的周圍，皆沒有金黃葡萄球菌的生長。他即時想到，這必然是因為黴菌分泌出一些物質，而這些物質有殺菌的作用。他後來把這種物質提煉出來，並稱之為「盤尼西林」〔penicillin，來自於有關黴菌的學名Penicillium〕。就是這樣，應用抗生素的時代開始了。

而差不多在同一時間，德國科學家格哈德 · 多馬克（Gerhard Domag）發現了經人工合成的「化合物磺胺」（sulfonamide）可以用來殺滅細菌。於是，一下子人類找到了對付細菌的兩大種方法！

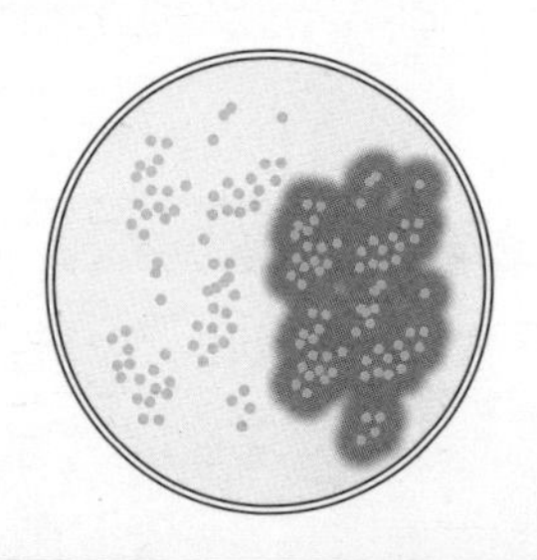

◀黴菌分泌出「盤尼西林」，可殺死金黃葡萄球菌。

抗生素的誕生

今天，我們把殺滅細菌的藥物統稱為「抗細菌藥」（antibacterials），包括了如磺胺等合成或半合成的藥物，也包括盤尼西林等從微生物〔包括細菌和真菌〕所提煉出來的藥物。過往我們只是把後者才稱為抗生素，但今天我們已經不作嚴格的劃分了。

抗生素的出現，剛好趕及人類史上最大規模的戰爭——第二次世界大戰。無數戰場上受傷的人因此得以獲救！接下來，不少千百年來困擾著人類的疾病，也逐一受到控制甚至被消滅。人類的醫學進入了一個新紀元！

應用抗生素須知

但有兩點我們必須知道。第一點是人類疾病的致病源除了細菌（bacteria）之外，還有病毒（virus），如傷風、感冒、SARS、愛滋病等，便是由病毒所引致，而抗生素對病毒卻是無能為力的。

至於第二點，就是經常大量使用抗生素的話，一方面會損害身體內正常的細胞，由此減低人體本身的免疫能力；另一方面，則會令細菌產生「抗藥性」，令抗生素的藥效不斷下降。

切勿濫用抗生素

那麼用藥加重一點又可行嗎？

如果我們不斷加大抗生素的使用量，這只會造成惡性循環，最後得不償失。醫生必須要我們把處方的抗生素吃畢，正是因為必須保證把細菌殺光，否則牠們便有機會死灰復燃，變得更難醫治。〔近年來，醫學界就服食抗生素便必須完成一個五天甚至七天的療程這種規範提出質疑。一些學者指出，如果病情很早便出現好轉，三天的服用已經十分足夠。相反，如果三天內也沒有明顯好轉，我們便必須考慮換藥。〕

在今天，抗生素不但應用在人類身上，更大量地應用到透過工業化培養〔又稱「集約式飼養」〕的牲畜〔如豬、牛、羊、雞〕之上。世界衛生組織（WHO）對這種趨勢已作出了嚴重的警告——直接或間接吸取過量抗生素，會帶來巨大的健康風險；而抗藥性的不斷提升，會令到人類終有一天再無藥可用，屆時我們又回到面對細菌侵害時束手無策的境地！

力挽狂瀾、刻不容緩

——迫在眉睫的全球暖化危機

還記得 2014 年的天氣狀況嗎？在 3 月份，出現暴雨和冰雹襲港，商場天幕破裂，導致雨水如瀑布般下瀉！到了 5 月上旬，天文台發出「黑色暴雨」警告，香港多處出現水浸，其中包括紅磡海底隧道和港鐵大圍站的大堂。這些現象都是港人以往難以想像的。

但更極端的天氣還在後頭。2016 年初，香港市區的氣溫在寒流侵襲下跌至多年未見的攝氏 3 度；大帽山頂更因廣泛結冰而令百多人受困，要出動數十名消防員協助才可脫險。同年 7 月，在熱浪影響之下，港九新界的氣溫普遍達至 37 度，而跑馬地更錄得 37.9 度的駭人高溫。

筆者執筆此刻是 2017 年 5 月。不久前，一場超級暴雨在短短數小時帶來 300 毫米的雨量，等於香港全年平均雨量的八分之一。

極端天氣趨勢

天氣變化當然有它的自然波動成分，但我們若放眼全球，並認真考察過去數十年的極端天氣事件，便會發現在自然波動的背後，實已經出現了一個明顯的趨勢——

在溫室氣體排放的不斷增長下，全球的溫度正不斷上升〔過去一百年已經上升了攝氏 1.2 度〕。這種升溫，不但令全球高山冰雪急速融化和北極海冰銳減，亦導致天氣反常嚴重，令極端天氣變得愈來愈頻密。這一結果，既來自實際觀察，亦來自最先進的電腦模擬演算。按照如今的趨勢，我們現時所見的，只不過是接踵而來的災難性天氣的前奏而已。

全球暖化全人類都要知

上世紀末，研究全球暖化如何導致氣候異常的科學家，主要來自西方〔例如在 1981 年最先發表論文引起人類關注這個威脅的詹姆士 · 漢森博士（Dr. James Hansen）〕。近年來，這個問題也已引起了中國內地及至香港學者的密切關注。

氣溫異常變化記錄

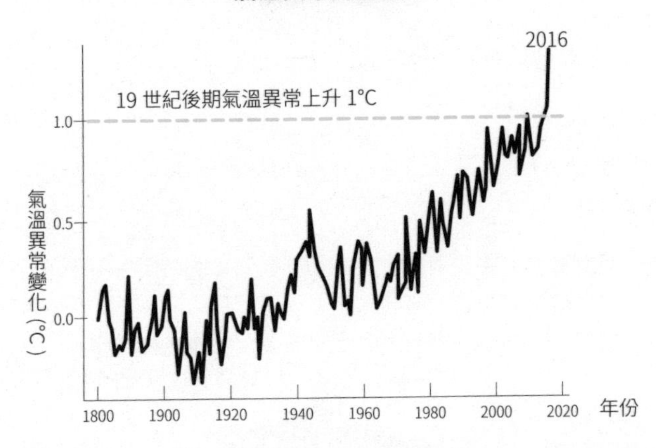

資料來源：NASA 網站

◄溫室效應令北極海冰銳減，危害北極熊生態。

香港天文台十多年前成立了「氣候變化研究小組」，最新的研究成果〔摘要〕也有上載到天文台網站（http://www.hko.gov.hk/climate_change/climate_change_c.htm）讓市民公開查閱。

研究結果顯示，未來數十年間，每年「熱夜」〔日最低氣溫28度或以上〕的數目和「酷熱」日數〔日最高氣溫在33度或以上〕會顯著增加；而每年冬季的「寒冷」日數〔日最低氣溫12度或以下〕則會顯著減少。而至本世紀末，本港的平均溫度可較今天的高4、5度之多。

▲未來數十年間，每年「熱夜」〔日最低氣溫28度或以上〕的數目和「酷熱」日數〔日最高氣溫在33度或以上〕會顯著增加。

在雨量方面，全年雨量至世紀末預料會上升約150毫米。但更大的影響不獨來自雨量的上升，而是來自雨量的強度。

研究顯示，更多的雨水將會集中在更短的時間內下降，亦即超強暴雨出現的機會愈來愈大。在香港這個人煙稠密和到處都是斜坡的地方，嚴重水浸和山泥傾瀉的風險將會愈來愈高。

▲至世紀末，香港全年雨量預料會上升約150毫米。

香港和台灣對氣候變遷的探討

・《氣象萬千》

過去多年來，天文台曾多次與香港電台合作，攝製名叫《氣象萬千》的資訊節目，以推廣氣象學和有關本港天氣的知識。有感於氣候災變的迫切性，《氣象萬千》也選取了「氣候變遷」作為主題，並由前天文台助理台長，也是筆者的舊同事兼好友梁榮武主持。節目製作非常認真，主持人與攝製隊遠赴世界各地，以不同的角度揭示全球暖化的深遠影響。在今天這個網絡時代，即使大家錯過了也不用擔心，因為隨時可以上網重溫。

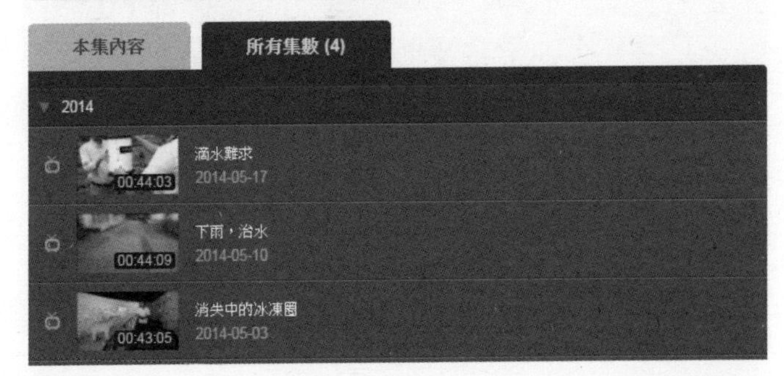

▲《氣象萬千》節目

網址	http://podcast.rthk.hk/podcast/item_epi.php?pid=643

·《±2°C》

數年前，台灣的廣告人孫大偉及媒體工作者陳文茜也推出了第一部有關台灣氣候變遷的紀錄片，該紀錄片取名《±2°C》，源自哥本哈根會議〔以及後來的巴黎會議〕的結論，即是未來人類如果要生存，就必須將全球升溫控制在攝氏兩度以內。片中模擬台灣未來在全球暖化影響下的可能處境，也分析了台灣的各種「先天不良，後天失調」等問題。要了解全球暖化對人類的威脅，這影片也實在不容錯過！

▲《±2°C》紀錄片

網址 https://youtu.be/MBaAtU1E2cI

外國有關的紀錄片很多，較著名的是美國前副總統戈爾 (Al Gore) 於 2006 年製作的《An Inconvenient Truth》和 2017 年推出的續集《An Inconvenient Truth - A Sequel》、由著名荷里活影星李奧納多 · 狄卡皮歐 (Leonardo DiCaprio) 製作的《Before the Flood》、以及由美國國家地理雜誌頻道製作的兩輯《Years of Living Dangerously》，其中第二輯的其中一集，訪問了由筆者與友人創立的「350 香港」環保組織，並報道了我們於 2016 年在尖沙咀海傍的一趟遊行情況。

但大家如果想在最短時間內了解全球暖化危機有多嚴重，筆者極力推薦大家上網看一段名叫 "Wake Up, Freak Out - then Get a Grip" 的短片，看後你便知道我們是如何一刻也不能拖延的了……

▲ "Wake Up, Freak Out - then Get a Grip" 的短片

網址 https://youtu.be/VnyLIRCPajM

第 2 部

上天至下地的科學發現，你又知道嗎？

地球認知篇

劫後重生

——地球生命的前世今生

大家可能聽過「危機」這個詞語中，實包含著「危」中有「機」的意思〔雖然一些語文學者不認為原來的構詞包含了這層意義〕，也更應聽過「大難不死、必有後福」這種講法。當然，我們不能以完全科學的態度來理解這些說法，畢竟這都是人類在面對無常的人生時，半主觀和半客觀地建立起來的一種自我安慰和勉勵的看法與態度，是一種人生智慧多於自然規律。

然而，在生命大歷史這個最宏觀的層面，卻也真的可以找到與上述說法頗為契合的重大例子。現在就讓我們看看，在地球生命的漫長演化歷程裡，頑強的生命如何從一次又一次的災劫中挺過去，並於浩劫餘生後大放異彩。

隕星體撞擊事件

我們現時所知的生命只存在於太陽系。但太陽系的起源，很可能便是一次宇宙災劫所產生的結果。按照科學家的推斷，孕育出太陽系的「原始星雲」(solar nebula)，極可能是受到一顆鄰近超新星爆炸所產生的「衝擊波」(shock wave) 所影響，物質受到了擠壓才開始出現「引力塌縮」(gravitational collapse)。塌縮形成了我們稱為「太陽」的恆星，也形成了我們稱為「地球」的家鄉星球。

科學家的研究顯示，地球形成至今最少已有四十六億年之久。而我們在地層裡找到最古老的生命遺跡，距今則約為三十八億年。

最初，科學家一般認為生命要從無生命的物質演化而來，其間必定需要極其漫長的歲月。而另一方面，原始地球的表面環境定必十分惡劣，以致生命無法形成。

但近年來的研究改變了科學家的看法，科學家在研究太陽系的早期歷史時，發現距今四十多億到三十八億年間，太陽系的內圍曾經出現大規模和持續的「隕星體」（meteoroid）撞擊事件。例如我們今天所見的月球和水星表面的眾多「隕星坑」（craters），便正是在那個時候形成的。〔地球上的撞擊痕跡絕大部分都已被風化作用所湮沒。〕

留意上述這個天文學家稱為「後期重轟炸時期」〔Late Bombardment Period，又稱「第二次大撞擊紀元」〕的結束時間，正好與地球上生命出現的時間〔三十八億年前〕相若。不少科學家都相信，正是大碰撞的結束，才讓生命可以在一個相對穩定的環境下茁長。

撞擊終止時，生命便立刻出現嗎？較合乎情理的推斷似乎是——生命的演化實一早便已出現，只是大撞擊把絕大部分的演化成果摧毀，而撞擊結束後旋即出現的原始生命，乃是劫後重生的一批幸運兒。

超級冰河時期

生命的另一個危機出現於二十多億年前。由於一些單細胞生物「發明」了利用陽光以自我製造食物的「光合作用」，大氣層中的氧氣成分於是不斷上升〔原始大氣中幾乎不含獨立存在的氧氣〕。對於當時的其他生命而言，氧氣是一種帶有高度腐蝕性的有害氣體。科學家相信，大量的生物因而喪命，少數能夠熬過這一災劫並發展出「有氧呼吸」（aerobic respiration）的生物，卻變得更為精力旺盛而成為今天主宰地球的動物界的祖先。

但在抵達今天之前，生命還要通過多重的考驗。古氣候學家的研究顯示，約五億八千萬年前，地球開始進入一個「超級冰河時期」（Super Ice Age）。在這個被稱為「冰封地球」（Snowball Earth）的漫長歲月裡，生命的存亡可說繫於一線。

大約五億 四千萬年前，地球開始從嚴寒中甦醒過來。不久，生命在春回大地的環境下不但重新出長，更推陳出新，演化成各種多姿多彩的動、植物品種。這便是古生物學中著名的「寒武紀大爆發」(Cambrian Explosion) 事件。我們所屬的「脊椎動物」〔學名是「脊索動物亞門」〕，便正是在這個時期出現的。

自「寒武紀大爆發」以來，地球生命還經歷了五次重大的滅絕事件（mass extinction events)。而最後一次發生於六千五百萬年前的「白堊紀大災難」(Cretaceous Catastrophe)，更促使曾經統治地球達一億五千萬年之久的恐龍，步上滅絕之路。眾多的證據顯示，這趟大滅絕乃是一顆直徑不過 10 公里左右的隕星體猛烈撞擊地球的結果。

再一次，劫後餘生的生物重新發展，並開啟了動物界的「哺乳動物時代」(Age of Mammals) 和植物界的「被子植物時代」(Age of Gymnosperms)。不久，哺乳動物中一族稱為「靈長目」(Primate) 的生物不斷演化，最後成為了今天的猿、猴和人類的共同祖先。

人類演化的歷史已有數百萬年之久，但農業和文明的起源〔即新石器時代的開始〕則只是最近一萬年左右的事。科學家指出，過去數百萬年地球經歷了數十次「冰河紀」，而最後一個冰河紀的退卻正是一萬多年前的事情。也就是說，正如「冰封地球」的解凍迎來了「寒武紀大爆發」，最後一個冰河紀的消退，則迎來了人類文明的躍升。

生命，總是在磨練中前進。

上窮碧落下黃泉

——「天高地厚」的科學

「天有多高？地有多厚？」差不多是我們每個人兒時都會提出的問題。今天，稍有科學常識的人都知「天」是無盡的，因為離開了地球便是無盡的太空。而至於「地」，最厚也不過是地球直徑的一半，亦即 6,000 公里左右。但且慢！如果這裡說的「天」是指我們所熟悉的藍天，而「地」是指堅硬穩固的大地，則上述的答案，便必須作出一定的修正。

「地」有多厚？

眾所周知，固體地球的最外層我們稱為「地殼」(crust)，而之下是厚達數千公里的「地幔層」(mantle)。雖然這兒的物質平均密度較地殼還要高，但由於地幔層的溫度甚高，所以長期處於不斷翻動的流體狀態，科學家稱之為「對流運動」(convective motion)。

那麼地殼究竟有多厚呢？平均來說，這個厚度約為 45 公里，而這便是「地有多厚」的另一個答案。

世界第一高峰珠穆朗瑪峰海拔近 9 公里，而最深的海洋瑪利安納海溝深近 10 公里。也就是說，兩者加起來的垂直延伸只是地殼厚度約 40%。對於我們渺小的人類而言，這個厚度是驚人的。但對比起地球龐大的身軀，這個厚度卻小得可憐。簡單的計算顯示，地殼之相比於地球，較蘋果皮之相比於一個蘋果還要薄！若拿一隻雞蛋作比較，地殼固然較蛋殼還要薄，就是蛋殼之下那層薄膜，也較地殼厚得多。〔不信大家可算算：由於地球的平均直徑是 12,756 公里，地殼的厚度只是這個數值的 0.35% 即千分之三點五左右。〕

我們還必須留意的是，45 公里只是個平均值。這個數字的背後實包含著巨大的差異。一般來說，海床下的地殼較大陸之上的來得要薄，一些地方只有數公里左右。而在大陸之上，高原區域顯然是地殼最厚之處，例如著名的青藏高原之處便達 60 多公里厚。當然，無論在海底還是在陸地之上，都會有些地方存在著一些裂縫，以令地幔層的物質有機會穿透地殼湧上地面。這些極高溫的物質還未溢出地面時我們稱之為「岩漿」（magma），而在溢出地面之後則稱為或「熔岩」（lava）。

岩漿湧上地面的一個戲劇性形式當然便是火山爆發。從某一個角度看，每當岩漿湧現時，那兒的地殼厚度可被看作為零！

也就是說，「地有多厚」的答案原來可以由「0」到接近「70 公里」〔由珠峰的頂尖向下計〕。

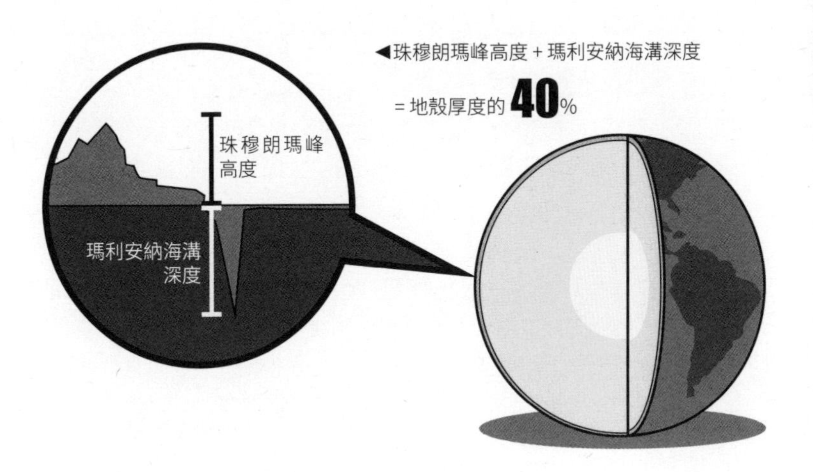

「天」有多高？

如果我們以藍天為定義，則只要我們離開海平面（mean sea level）超過 30 公里，則大氣層中 99% 的空氣都會在我們的腳下。由於藍色的天空〔當然指日間的晴天〕乃由於空氣對入射的太陽光線進行散射（scattering）所呈現的結果，所以在這個高度看，「天空」的顏色已經接近黑色多於藍色，而「天高」也可說接近盡頭。

30 公里對我們來說已是一個很高的高度。大氣層內所有風霜雨雪等天氣，都只是在 10 多公里以下的「對流層」（troposphere）之內出現。而即使遠程的飛機，最高的航道也只是在「平流層」（stratosphere）底部的 10 多公里之處，而且機艙之內還必須加壓〔和加熱〕我們才可生存。然而，對於太空航行來說，這卻仍是太低的高度。要避免高層空氣〔那怕對我們來說多麼稀薄〕的拖曳作用〔術語稱為 atmospheric drag〕，一般的太空船最少都會進入離地面達 100 公里的軌道。

自我調節的菊花世界
——地球是一個「超級生命體」嗎？

生物受環境影響是一個基本常識。但大家是否知道，地球的物理和化學環境，也同樣受著生物的深刻影響呢？

眾所周知，土壤裡孕育著眾多不同類型的生物。但大家是否知道，世界上的土壤，主要乃由蚯蚓這種卑微的生物，經過億萬年對岩石的改造而成？這當然便是生物影響環境的典型例子。

另一個更顯著的例子，是大氣層的化學成分。科學家的研究顯示，地球早期的大氣層裡沒有游離氧氣，而今天佔了近 21% 的氧氣，乃是由植物透過光合作用從水分子中釋放出來的。

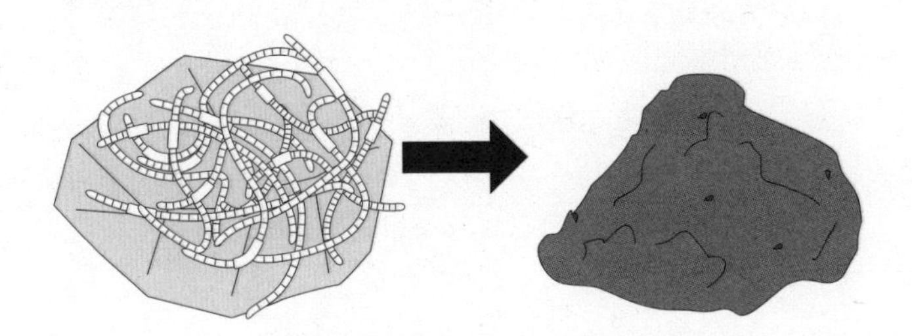

▲蚯蚓用億萬年時間，將岩石改造成泥土。

延續生命的「蓋亞假說」

上世紀七十年代，英國科學家詹姆斯・洛夫洛克（James Lovelock）和美國女生物學家琳・馬古利斯（Lynn Margulis）提出了「蓋亞假說」(Gaia Hypothesis)，把生物與環境之間的互動關係提升到一個嶄新的層次。〔所謂「蓋亞」(Gaia)，是古希臘神話中的「大地之母」。〕按照這個假說，生物不但會適應環境，也會改造周遭的環境以適合自己生存。在最高的一個層面，他們指出地球上所有生物實已組成了一個「超級生命體」(super-organism)，或甚至整個地球本身是一個超級生命體，而這個生命體會不斷改造地球環境以達至適合生命延續的「自我平衡」(homeostasis) 狀態。

甚麼叫「自我平衡」呢？例如我們劇烈運動時體溫上升，我們於是大量出汗，而汗液的蒸發會把熱量帶走，從而令我們的體溫保持一個恆穩的數值，這便是一種「自我平衡」機制。為了解釋地球如何實現自我平衡，洛夫洛克與另一名科學家華生 (Andrew Watson) 在八十年代初提出了著名的「菊花世界模型」(Daisyworld Model)。

假設一顆行星正環繞著一顆恆星〔它的母星〕運行。行星上只有菊花生長，而菊花則只有黑、白兩種顏色。好了，假設母星的光度〔能量輸出〕發生變化，那麼行星表面的溫度自然會受到影響。

首先讓我們假設光度增加了而行星表面溫度上升，由於黑色菊花吸熱而白色菊花會將大量的光線反射，黑色菊花會因過熱而大批死掉，結果是行星表面主要會由白色菊花所覆蓋。而由於白色菊花的反射作用，行星表面溫度上升的趨勢將會被遏抑，最後回復到接近原來的水平。

假設母星的光度下降又如何呢？這時，白色菊花會由於吸熱不足而大批死掉。相反，黑色菊花由於能夠大量吸熱而支持下去，最後會成為行星上的主要品種。但由於黑色菊花的吸熱作用，行星表面溫度下降的趨勢會被遏止，最後回復到接近原來的水平。

▲黑色和白色兩種菊花在太陽溫度持續上升或下降的情況下，最後只能活下其中一種。

看，這不就像我們運動時出汗所體現的「自我平衡」〔生物學又稱「體內平衡」〕嗎？〔詳情可參閱《維基百科》的「Daisyworld」條目。〕

「蓋亞假說」被提出之初，曾經受到科學界廣泛的質疑。但這十多二十年來，科學家已經找到愈來愈多的證據以支持這一假說。〔例如海洋浮游生物與雲量的相互關係，詳情請參閱《維基百科》的「CLAW Hypothesis」條目。〕

「蓋亞」終會把人類「鏟除」

這一假說成立的話，是否表示人類可以肆意干擾和破壞自然而不受懲罰呢？

答案是否定的。不錯，地球環境受到過分干擾的話，最終會由原來的平衡態跳到另一個平衡態，就像過去數千萬年的冰河紀的出現和消失一樣。但請記著，處於新的平衡態的地球，很可能已經是一個不再適合人類居住的地方。

洛夫洛克曾經在他的著作《蓋亞的報復》(The Revenge of Gaia, 2007) 一書中指出，如果人類不及早回頭，「蓋亞」自會把人類「鏟除」〔這當然是一種擬人法的描述〕，以令地球回復到一個適合其他生物居住的平衡狀態。

放眼世界今天種種不可持續的發展，洛氏的這個警告自是有感而發。事實上，前英國皇家學院的院長馬丁・里斯 (Martin Rees) 便曾於其著作《我們的最後時刻—— 一個科學家的警告》(Our Final Hour – A Scientist's Warning, 2009) 之中提出，如果我們不及早改弦更張、力挽狂瀾的話，人類能夠熬得過二十一世紀的機會不會高於 50%。

要知人類在地球上出現至今的時間〔約七百萬年〕，還不到恐龍統治地球時間的十分之一。如果我們真的「馬照跑、舞照跳」，人類將會成為在這個星球上出現過的一個最短暫的「過客」。

地動山搖
——鯰魚翻身引起地震？

地震（earthquake）是大自然最可怕的災害之一。試想想，我們自出娘胎即覺得最為穩固最為可靠的大地，竟然可以一下子晃動顛簸起來，而建築在其上的巍峨大廈，竟會像積木般一一倒塌！那種感覺是何等的可怕！「世界末日即將來臨！」的感覺是何等的強烈！

地球的熾熱內部

在古人看來，地震的出現，必定因為地下有巨大的妖魔在作怪，或是上天發怒而對人們進行懲罰。日本是一個地震頻繁的國家。日本人有一個古老傳說，就是地底住了一條巨大的鯰魚，而只要鯰魚搖動，地面便會發生地震。

經過了科學的探究，今天的我們知道，地震不是甚麼怪物作祟，而是地殼運動的結果。而地殼之所以會出現運動，是因為地球的內部十分熾熱，物質在不斷運動所致。

首先讓我們了解為甚麼地球的內部會這麼熾熱。要知地球形成至今已有四十六億年之久，就算形成時經歷過高溫的階段，到了今天不是應該一早便已冷卻了嗎？這個問題的答案分為兩部分。

第一，地球的體積極其龐大，是以即使到了今天，確仍保有形成階段的一絲餘溫，而固態的地殼亦是一個很好的絕緣體；至於答案的第二部分，是地球內部包含著不少放射性物質。這些物質不斷透過「核衰變」(nuclear decay) 而釋放出大量能量。正是這些能量，令地球內部的大量物質〔即「地幔層」，mantle〕仍然處於熾熱和熔化的狀態。

接著我們要了解「地殼」(Earth's crust) 的構造。地殼是地球最外圍的一層固體，它的平均厚度只有 45 公里左右，比起接近 12,800 公里的地球直徑，厚度不足 0.4%。如果我們以一隻焓熟了雞蛋作比喻，則包含了珠穆朗瑪峰〔全球第一高峰，海拔 8848 米〕和瑪利安納海溝〔全球最深海溝，深 11,000 米〕的地殼，實較包裹著雞蛋的那層薄膜還要薄！

▲地殼比包裹著雞蛋的那層薄膜還要薄。

但地殼不是完整一塊地包裹著地球的。二十世紀中葉開啟的研究令我們得知，全球的地殼原來分成很多不同的板塊 (tectonic plates)。這些板塊中，有的承載著大陸〔如「非洲板塊」〕，有的承載著海床和之上的海洋〔如「太平洋板塊」〕，另外一些則兩者兼有〔如「印度洋板塊」〕。

而最重要的一點是，板塊與板塊之間存在著相對運動。這些運動的速度，以人類的角度來看雖然十分緩慢，但就長期〔以億萬年的尺度〕來看，卻可以令大陸和海洋的全球分布面目全非；而就短期而言，則可以導致可怕的地震不斷發生。

地殼板塊為甚麼會運動？

板塊之所以會運動，是因為在板塊之下，有十分熾熱而且不斷翻動的「熔岩物質」（magma）。正是這些熔岩的「大規模對流運動」（convective motion），令其上的板塊保持不斷移動。至此我們終於明白地震的成因了。板塊間的相互運動必然產生摩擦，而摩擦則產生了地震。

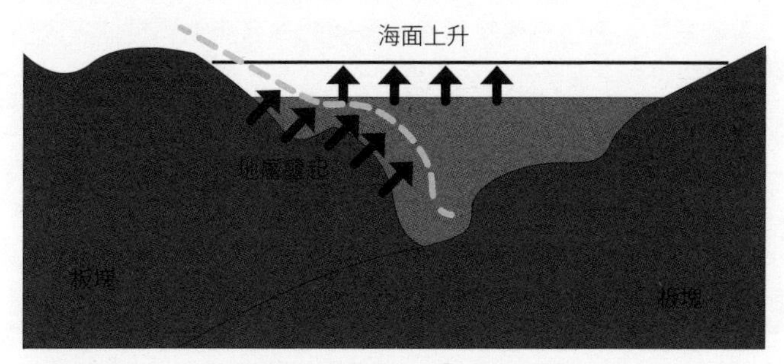

▲板塊運動，除了會引發地震，亦可令海嘯發生。

地震發生的具體情況，當然較之上的解釋複雜得多。板塊間的運動，可以是水平的「相互錯動」（translational motion），也可以是「近頭碰撞」（collision）。一些板塊會在這些過程中被毀滅，而一些新的板塊則可以因熔岩的上湧而得以伸展。但無論如何，板塊邊緣正是地質活動最頻繁的地方。最著名的例子，莫過於環著太平洋的地震帶和火山帶（Pacific Rim of Fire）。

那麼說，在板塊的內圍，便不會有地震發生嗎？那又不然。由於板塊運動時，對其內圍的不同部分會帶來不同的擠壓，因此內圍各部分也會因受力的不同而出現「斷層」（fault lines）和各種不穩定的地質形態，而當這些形態的儲存能量達到一定程度而被釋放出來時，猛烈的地震仍然可以在遠離板塊邊緣的地方發生。奪去了八萬多人性命的2008年汶川大地震，就是一種這樣的地震。

縱橫捭闔

——如何測量千里之外的地震？

大家有聽過「候風地動儀」嗎？這是距今一千九百年前，我國東漢期間，著名科學家張衡所發明的一台用來測量地震的儀器，也是世界上最早的同類儀器。

「指南針、造紙、印刷、火藥」作為中國的「四大發明」，大家都知道了吧，但其實這台「候風地動儀」，也是中國古代偉大的發明之一！

測定地震的方向

這台比一個人還要高的銅鑄地震儀，周圍伏有八條頭向下、尾向上的青龍，每條龍之下則有一隻仰首並張開嘴巴的青銅蟾蜍。而龍的分布則向著北、東北、東、東南、南、西南、西、西北八個方向。每條龍的口中都含著一顆銅珠，而當地震發生時，其中一顆銅珠便會掉到蟾蜍的口心，從而產生巨響。我們只要察看是哪一顆銅珠墮落，便可得悉地震所在的方向。

由於找不到詳盡的文獻記載，我們不知地動儀的實際操作原理。而按照後人的推斷以及複製試驗，內裡必然裝有以懸垂物作鐘擺運動的機械裝置。

▲可測量地震方向的「候風地動儀」。

在二千年前便能夠作出這樣的發明，張衡的智慧實在使人讚嘆。

今天我們的「地震儀」（seismograph），所用的也同樣是懸垂物在運動時的「慣性原理」（principle of inertia），而在測量地震發生的準確方向和距離方面，我們當然已比二千年前進步很多了。

在測量方向而言，原理其實十分簡單。由於地震時產生的震波會以某一個特定速度在地層中擴散，因此處於不同位置的地震儀，其所錄得的震波抵達時間便會有先後之別。理論上，我們只要檢視三個地震儀所錄得的震波抵達時間，便可透過「三角學」（trigonometry）的計算，以定出震波來自的方向。當然，地震儀的數目愈多並且分布愈廣〔還加上地震儀的靈敏度愈高〕，所測定的方向亦會更為準確。

因篇幅關係，筆者無法在此詳述三角學的計算步驟，但即使憑我們的直觀，也很易領略箇中的道理。假設有三個地震站 A、B、C 構成一個三角形，如果 A 站先錄得地震、B 站次之，而 C 站最後，則地震的所在，應該大致在 A 方而略靠近 B 的方向。再引一個例子，假如震波抵達的次序是 C、A、B，則地震的所在，應該大致在 C 方而略靠近 A 的方向，如此類推。

計算地震與我們的距離

那麼距離又如何呢？啊！這便要我們明白地震波中有「縱波」（longitudinal wave）與「橫波」（transverse wave）的分別。

就前者而言，特點是「震動介質的來回運動方向」與「地震波的傳遞方向」一致，例如空氣中的聲波就是一個例子。至於後者，「震動介質的來回運動方向」與「地震波的傳遞方向」垂直，例如水面的漣漪即是。在地震中，前者我們稱為「p 波」〔來自英文的 primary wave〕，後者則稱為「s 波」〔來自 secondary wave〕。由於 p 波在地層中的傳播速度比 s 波為高，於是可以跟據兩者在同一地震站的抵達時間先後，計算出地震與我們的距離。

簡單的邏輯是——如果地震離我們很近，則這個時間差會很短。相反，如果地震離我們很遠，則這個時間差會很大。〔原理跟透過閃電和雷聲的時間間隔來推斷雷暴的距離相似〕當然，要準確計算有關的距離，我們必須精確地判定這兩種地震波的抵達時間。這個判定往往不能純靠儀器〔包括電腦的人工智能程式〕所作出，而必須依靠地震監測人員的豐富經驗和專業判斷。

下次新聞報道地震的消息，你應該更為清楚有關的資料是如何測定的了，對嗎？

九級半地震
——「震級」和「烈度」有何分別？

在地震報道當中，最易被混淆的訊息，是地震的「震級」(magnitude) 和「烈度」(intensity) 這兩樣東西。如今考考大家——你能夠說得出它們的分別所在嗎？

在未作出回答之前，先讓我們先了解一下「震源」與「震央」的分別。

震源 vs 震央

從上一篇文章我們得知，地震源於地層內的劇烈運動，這些運動發生之處，我們稱為「震源」(focus / hypocentre)。這個「震源」可以離地面達數百公里之深，也可以只有數十甚至十多公里這麼淺。前者我們稱為「深層地震」，而後者稱為「淺層地震」。一般而言，愈是淺層〔也稱「淺源」〕的地震對地面帶來的破壞愈大。

而所謂「震央」(epicentre)，是垂直地處於「震源」之上的地面位置，也就在地圖上看到的地震位置。

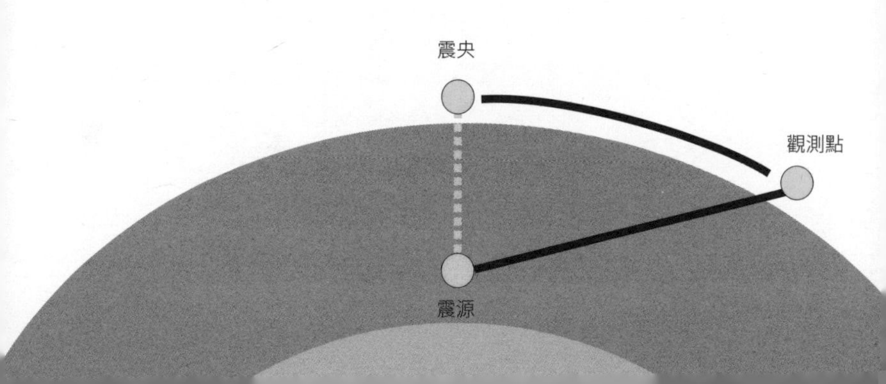

好了，現在讓我們回到文首的問題。簡單來說，「震級」與某一地震所釋放的總能量有關，也就是我們一般指的「地震有多大」；而「烈度」則與這個能量以及某地與該地震的距離有關，所標示的是「某地所受的影響有多大」。

按此邏輯的推論是——一個地震的「震級」可能不太大，但由於我們與它十分接近，所以錄得的「烈度」頗高；相反，一個地震可能十分猛烈〔震級很高〕，但由於我們距離很遠，所以錄得的「烈度」十分微弱。

黎克特制震級表 vs 修訂麥哥利烈度表

科學家用「黎克特制震級表」(Richter Magnitude Scale) 以標示「震級」，另外則用「修訂麥哥利烈度表」(Modified Mercalli Intensity Scale) 來標示「烈度」。

讓我們先來認識前者。一般而言，震級在 3 級以下，一般只能由儀器量度得到；3 至 4 級，則會令接近地震的人感覺得到，但一般不會造成甚麼破壞；5 級的地震〔特別是淺源的〕，可以造成明顯的破壞，至於破壞的程度，則視乎建築物的堅固度而定。不用說，6 級或以上的地震，都是可怕的毀滅性地震，而毀滅程度會隨著震級的增加而急速上升。〔由於震級表的設計乃基於一個以 31.6 為基數的「對數」(logarithm) 作出，亦即每一級之間的能量差別不僅僅是一倍，而是接近 32 倍！舉例說，5 級和 6 級地震之間的能量差別是 31.6 倍，而 5 級與 7 級之間的差別則是 31.6 x 31.6 ~ 1,000 倍！〕

人類至今錄得的最大地震，是 1960 年 5 月 22 日在智利發生的 9.5 級大地震，它引發的海嘯遍及整個太平洋，就是遠至亞洲的東岸也測量得到。原則上，「震級表」並沒有上限。也就是說，我們不知道是否會出現較智利大地震更為厲害的「超級地震」。一個 10 級的大地震可能在一千年內也不會發生，也可能在明天便會發生……

好了，現在讓我們來看看「烈度表」。與震級表不同，烈度表的級數由 1 至 12，是有上限的。不用說，較低的烈度如 1 至 3 級的影響甚為輕微；7 級以上影響嚴重；最高的 12 級表示地動山搖甚至河流改道，甚至一切人為的事物都會被徹底毀滅。

要進一步了解「烈度表」中不同級數的破壞程度，筆者強烈建議大家上《維基百科》查看「Mercalli intensity scale」條目。

順帶一提，2011 年 3 月 11 日發生的日本東部海底大地震以及由它所引發的海嘯令世人觸目驚心。這次地震的烈度達到 9 級，而由於引致這個烈度的海底地震震級剛好也是 9 級，所以更易令人混淆了兩者的分別。

電從天上來
——能源開拓新思維

「核能發電」(nuclear power) 不會釋放二氧化碳，因此從對抗全球暖化的角度看，可被看作為一種「清潔能源」。但由於核電所用的燃料和產生的廢料帶有高度危險的輻射，所以不少環保人士都不承認它是清潔能源，並高舉「反核」的旗號極力抵制其發展。〔例如台灣有不少民眾都激烈反對「核四」的興建。〕

核裂變 vs 核聚變

能夠作為能源的核子反應有兩種——「核裂變」(nuclear fission)〔又稱「核分裂」〕和「核聚變」(nuclear fusion)〔又稱「核融合」〕。前者是「原子彈」(atomic bomb) 背後的原理，而後者則是「氫彈」(hydrogen bomb) 背後的原理。大家亦可能知道，「氫彈」的威力較「原子彈」的大得多〔達一千倍以上〕。由於要引發「核聚變」的溫度較「核裂變」的高很多，所以前者又被稱為「熱核反應」(thermonuclear reaction)，而由此發展出來的武器〔氫彈〕則被稱為「熱核武器」。

人類發明「氫彈」已超過六十年，但迄今為止，所有核能發電廠都只是以「核裂變」而非「核聚變」來發電。原因是以毀滅性的形式釋放核聚變能量相對容易，但以穩定而受控的形式把這種能量釋放，在技術上卻是極其困難。過去大半個世紀，世界上多個先進國家都投入了巨額的人力、物力、財力以實現「受控核聚變」(controlled fusion)，卻到今天仍未成功。按照最樂觀的估計，「核聚變」要成為人類社會一個主要的能源，最快也是本世紀下半葉的事。在全球暖化和石油耗盡這兩大挑戰面前，這完全是「遠水救不了近火」。

收集太陽能源

但大家可能沒有為意的是，一個極其穩定的熱核反應爐其實每天都在陪伴著我們，並且為我們帶來光明和溫暖。聰明的你當然猜到，這裡所說的，便是我們的太陽。

這個直徑達地球一百零九倍、體積超過一百萬個地球、表面溫度達攝氏六千度，卻也處於安全的一億五千萬公里以外的反應爐，已經穩定地燃燒了五十億年！而按照科學家的計算，它還可再燃燒多五十億年的時間。

太陽每秒釋放的能源，足以瞬間將地球化為灰燼。幸好地球所截獲的，只是這一能量的二十億分之一。但科學家的計算顯示，即使是這樣，地球在一個多小時內從太陽那兒接收的能量，便已足夠人類全年所用，問題是——如何有效地捕捉這些能量呢？

眾所周知，太陽能開發的一大問題，是它的「間歇性」(intermittency)，亦即烈日當空陽光充沛時固然電力十足，但在晚上、密雲，甚至陰雨的時候，則無電可用。其實早於 1968 年，美國一名科學家彼得・格拉斯（Peter Glaser）已提出在太空中建做巨型的「太陽能收集衛星」〔solar power satellites，簡稱 SPS〕，以克服日夜交替、大氣層吸收和天氣變化等影響。但這還不是構思中最精彩的部分。最精彩的一點，是格拉斯透過物理學的分析，指出衛星所收集得的太陽能，可以透過微波(microwave) 傳送返地面的大膽構思。他更指出，地面的「接收天線陣列」(antennae array) 固然需要龐大的面積，但高高的天線架之下，仍然可以用來耕作甚至放牧，而不會受到不良的影響。

問題是，以人類現時的太空運載能力而言，這個構思在半個世紀後的今天仍只屬空中樓閣。美國太空穿梭機計劃的結束更加令計劃的實現遙遙無期。

「天空之城」的可能性

但這個構思是否真的並不可行呢？筆者可不這樣認為。而按照分析，只要把格拉斯的構想略為改動一下便可。

按筆者之見，建造太陽能收集站的最佳地方，既不在地面也不在太空，而是在大氣的高層〔例如在 20 公里高的「平流層」（stratosphere）〕，為甚麼呢？

這是因為按照這一構想，我們便毋須花費巨大的資源以火箭把器材送上太空，卻也可以獲得近乎身處太空的好處，即日照的時間特長、陽光猛烈，也不受天氣影響〔因為天氣變化主要局限於平流層以下的對流層（troposphere）之中〕，以及塵埃很少而不會影響光電板的運作等。

我們要建造的，是一個個收集太陽能的「天空之城」，而要令它們停留空中，並不需要宮崎駿的「飛行石」，只需要物理學的應用，我們至少可以：(1) 利用氫氣或氦氣作承托、(2) 把浮筒抽真空以製造浮力、(3) 把空氣加熱製造浮力、以及 (4) 以螺旋槳轉動作承托等多個方法〔或是它們的組合〕，而收集得的能量，則可以按原來的建議，透過微波傳返地面。

至於地面的微波收集站，則是不必「與民爭地」的龐大「海上浮城」〔針對的當然是像香港般的沿海城市〕。除了接收微波外，這些離岸不遠的海上平台，更可結合風力發電、海浪發電、海水化淡以及製造「氫燃料」〔將海水進行電解獲得〕等多項用途。

今天社會極力強調年輕人要有創意，筆者亦在此向大家強烈呼籲，不要再將你的創意浪費於設計鼓吹更多消費的廣告、令人沉迷的電子遊戲、或鼓吹貪婪害人不淺的衍生金融工具之上，而是把它用於真正解決人類當前最大危機的方面。

大家有興趣接受這個挑戰嗎？

▲在 20 公里高的平流層建造太陽能收集站，這樣便可節省把器材送上太空的資源，而且日照的時間特長、陽光猛烈和不受天氣影響，加上塵埃很少而不會影響光電板的運作。

100 億伏特的電壓
——雷暴有多可怕？

你有感受過雷暴轟頂嗎？這裡說的，不是看見遠方的閃電和隔了一段時間才聽見的雷響〔此現象是基於時差而出現，因為聲波的傳播速度遠遠低於光速〕，而是就在你頭頂的行雷閃電！我可以告訴你，假如你真的經歷過近在咫尺的猛烈雷暴，那種震撼和驚慄的感覺，一定畢生難忘！

「雷暴」(thunderstorms) 可以說是最為令人畏懼的自然現象之一，這不單是因為它帶來的暴雨、閃光和震耳欲聾的巨響，還因為被閃電（lightning) 擊中的話有立刻喪命的可能，而即使被擊中的是建築物，也會帶來重大破壞甚至火災。居於都市的現代人不太懼怕雷暴，是因為身處現代建築物，而且受到避雷設施的保護，但假如我們不幸在曠野遇到猛烈的雷暴，那種可怕是難以言喻的。

放電現象

古人受知識水平所限，很自然地以為雷暴是天神發怒的表現。透過現代科學的探究，今天的我們知道這是大氣層中的一種自然現象。

簡單而言，雷暴的出現，是因為接近地面的濕暖空氣被急速抬升〔夏天日照加熱或春天冷鋒過境都可得出這樣的結果〕，從而出現高達 10 公里或以上的「積雨雲」(cumulonimbus)，在這巨大的雲團之中，空氣的猛烈垂直對流運動〔就像一鍋沸水中

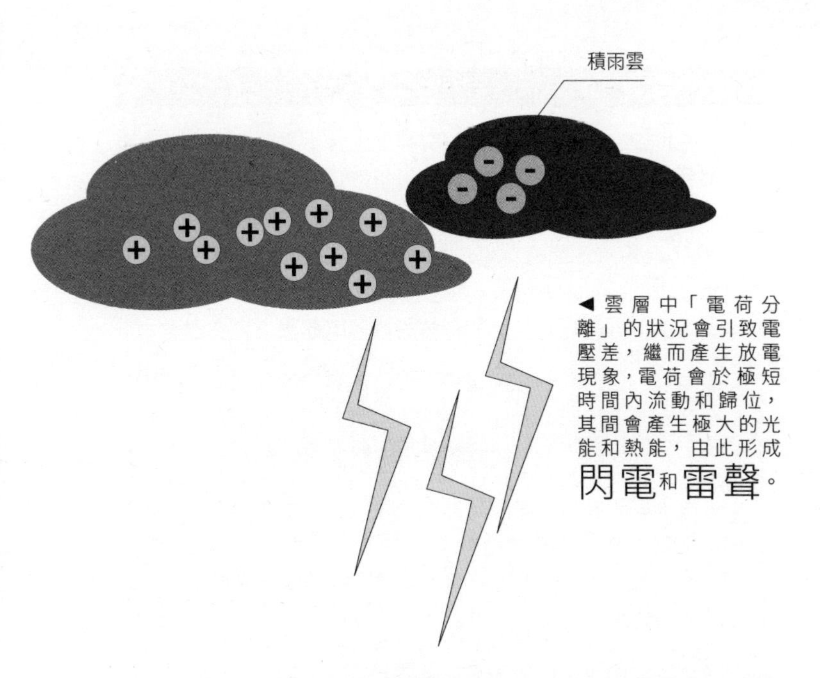

◀雲層中「電荷分離」的狀況會引致電壓差，繼而產生放電現象，電荷會於極短時間內流動和歸位，其間會產生極大的光能和熱能，由此形成閃電和雷聲。

在上下翻滾的沸水〕會令雲裡的液滴〔以及更高空的冰晶〕不斷互相摩擦，從而出現「電荷分離」(charge separation) 的狀況。背後的原理，便有如我們用塑料的梳子跟頭髮來回摩擦產生靜電，致令梳子能夠吸起抬面的紙屑一樣。

更具體地說，摩擦令液滴或冰晶丟失電子的話，會令那兒的雲層帶上正電荷；相反，獲得額外電子的那部分，則會帶上負電荷，而大量正、負電荷的分離會產生巨大的電壓差（voltage），當這個電壓差高至某一地步，便會出現「放電現象」(electric discharge)，電荷會於極短時間內流動和歸位，其間會產生極大的光能和熱能。

光能就是我們所見的閃電，而熱能會令周遭的空氣迅速膨脹，最後產生我們所聽到的雷聲。

100 億伏特電擊

十九世紀時，科學家已從研究靜電出發，在實驗室中製造出放電現象。但在規模上，大自然閃電所涉及的電壓和電流，較實驗室的大上億兆倍。大家可能知道香港的家居電壓為 220 伏特（volts），而最為耗電的電器或機器所需的電流一般不過是數安倍至數十安倍（amperes）。但在特強的雷暴中，放電前所累積的電壓可達 100 億伏特，而放電時的電流可達數十萬安倍！

事實上，大部分的閃電都是在半空中、雲團內的閃電（cloud-to-cloud lightning），這些閃電對地面上的我們沒有多大影響，但對於飛行中的飛機卻會帶來嚴重的威脅。

一般人最關心的，當然是雲團〔主要是積雨雲底部〕與地面之間的閃電。不用說被閃電擊中是九死一生的一回事！而那些「一生」的「幸運兒」，大多是遇上弱得多的閃電，或附近有連接地面的導電體將大部分電流導走了。

第一次證明天上的閃電與實驗室中的放電是同一個現象的，是美國開國功臣之一的富蘭克林（Benjamin Franklin）。

1752 年，他在風箏上縛上導電體並以電線連繫到地面，然後他在一趟雷暴中把風箏放上天空〔當然他是做足安全措施的，因為他站在絕緣體之上，並於一個乾爽的木棚下做實驗〕。古希臘神話中的普羅米修斯把上天的火種偷到凡間，而富蘭克林便是用這個方法將天上的電捕捉下來。

人類比起大自然固然極其渺小，但富蘭克林的聰明才智和求真的勇氣，卻實在值得我們自豪呢！

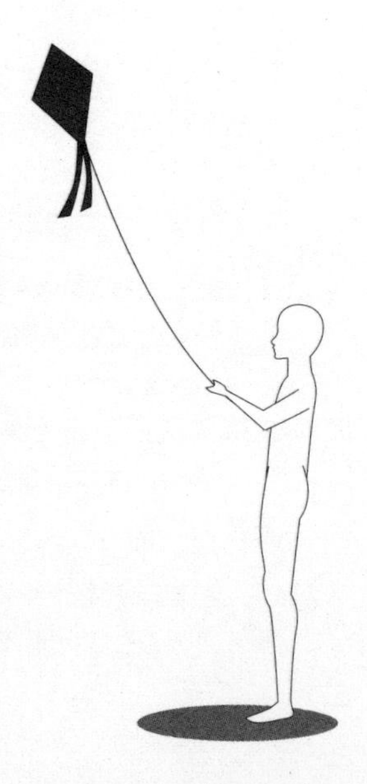

阿爾發、貝它、伽馬
——核輻射為甚麼可怕？

2011 年 3 月，日本福島核電廠因地震和海嘯損毀嚴重，導致核輻射（nuclear radiation）外洩，再次勾起了世人對核電安全的憂慮。在此之前，最重大的核事故是 1979 年美國三里島（Three Mile Island）的核洩漏，以及 1986 年前蘇聯切爾諾貝爾（Chernobyl）的核災難。究竟這些事故有多可怕呢？

雖然核彈的威力確實非常恐怖，但人們對核電安全的憂慮，主要不是害怕核電廠會像核彈般爆炸起來〔因為這從設計上並不可能〕，而是害怕一旦發生事故，大量的核輻射會擴散到環境之中，嚴重威脅人們的健康，甚至性命。

核輻射為甚麼可怕呢？在未回答這個問題之前，我們先要弄清楚這種輻射究竟是甚麼一回事。

核子反應 vs 化學反應

要了解核輻射，我們必先了解「核子反應」（nuclear reaction）與一般的「化學反應」（chemical reaction）有甚麼分別。

眾所周知，物質的基本構成單位是「原子」（atom），而原子乃由「原子核」（nucleus）和包圍著它的「電子」（electrons）所組成。一般的化學反應〔即使是最猛烈的化學爆炸〕，只是涉及這些原子最外圍的電子。但至於核子反應，則涉及原子內部的原子核本身。由於原子核包含著極其巨大的能量，因此這些反應所釋放的能量，較化學反應的大上億萬倍。

化學反應所釋放的能量主要是熱和光，不少物質與氧氣結合時的燃燒（combustion）便是個好例子；而核子反應所釋放的能量，則是高能的電磁輻射和粒子。

電磁輻射：波長愈短，能量愈高

讓我們先看看「電磁輻射」（electromagnet radiation）的部分。

所謂「電磁輻射」，實乃「電磁場」（electromagnetic field）在空間中的振動，它在真空裡的傳遞速度是光速。事實上，我們肉眼可見的「可見光」（visible light）、以及肉眼看不見的紅外線、微波、無線電波、紫外線，以至進行身體驗查時所用的 X- 射線等，都是具有不同「波長」（wavelength）的電磁輻射波。

這些波有一個特性，就是波長愈短則能量愈高而穿透力愈強。例如上述列出的各種輻射中，以 X- 射線的波長最短而穿透力最高，因此可以「透視」我們的身體，幫我們找出身體內的毛病。但也正因如此，過量的 X- 射線對人體會造成一定的傷害，所以我們每年進行 X- 射線驗查不能過多，而孕婦更不適宜進行這樣的驗查。

但原子核內部的反應，可以釋放出的波長，較 X- 射線的還要短得多，因此穿透性和殺傷力也大得多，這種輻射我們稱為「伽馬射線」（gamma radiation），「伽馬」這個字來自希臘文中的第三個字母 γ。這種可以穿透和破壞人體細胞的輻射，正是核輻射為甚麼可怕的原因之一。

從物理的角度看，X- 射線和伽馬射線之所以具有破壞力，是因為它們會令被照射的物質出現「電離」（ionization）現象，具體而言，就是組成這些物質的分子和原子所擁有的電子〔特別是處於外圍的〕，會被射線踢走。正因如此，X- 特線和伽馬射線被統稱為「電離輻射」(ionizing radiation)，而可見光、紅外線、無線電波等則被稱為「非電離輻射」(non-ionizing radiation)。

帶電又高能的粒子

現在讓我們回頭看看高能粒子的部分。原來在各種核子反應中，還會釋放出「阿爾發粒子」(alpha particles) 和「貝它粒子」(beta particles) 這兩種高能粒子。

阿爾發和貝它，是希臘字母中的首兩個字母 α 和 β。原來在研究物質的「放射性現象」(radioactivity) 的初期，由於科學家仍未弄清楚它們的性質，所以將測量到的神秘輻射稱為 α、β 和 γ 射線。後來弄清楚了，原來 γ 射線是極高能的電磁輻射波，而 α 與 β 射線則分別是高能的「氦核」(helium nucleus)〔「氦」是宇宙中第二簡單的元素〕與「電子」，前者質量較大並帶有正電荷，而後者質量小得多而帶有負電荷。

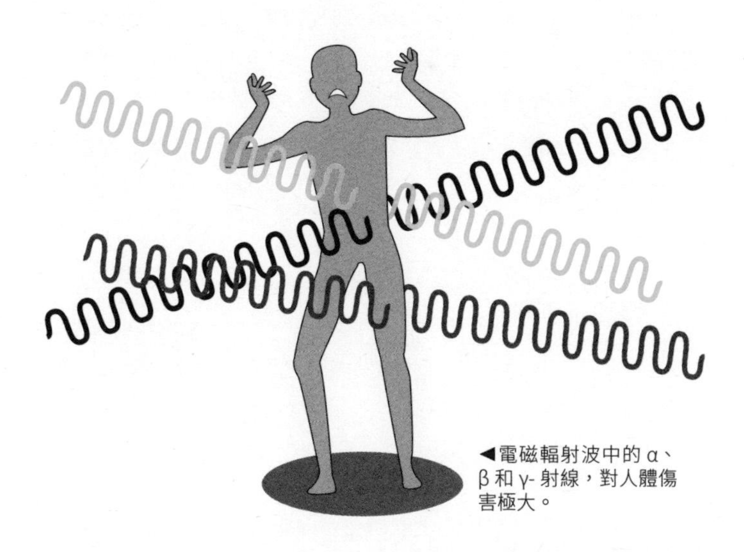

◀電磁輻射波中的 α、β 和 γ- 射線，對人體傷害極大。

由於它們既帶電又高能，因此能夠穿透我們的身體並破壞體內的細胞。其中 α 粒子較重，所以穿透性較低，但它帶有的電荷較大，破壞力也大。相反，β 粒子〔即高能電子〕的電荷雖然較小，但因體積細小而穿透性甚高，所能造成的破壞也同樣很大。

核輻射的可怕之處，還在於上述三種射線都是肉眼所看不見的。假如我們無意間暴露在這些輻射之下，最初可能毫無感覺，或至多感到短暫的不適。但接著下來，隨著體內細胞受到嚴重破壞，「輻射症」(radiaion sickness) 的徵狀會逐步顯現，病人會出現噁心、嘔肚、出血、全身潰爛……最後是各種功能衰竭而死亡。

上述是短期內吸收了大量核輻射的結果。另外，使人擔心的是，即使吸收了較低劑量的輻射而沒有即時性命危險，輻射誘發細胞出現變異，也會大大提高各種癌症的病發機會。

現在大家應該明白我們為甚麼如此害怕輻射了吧。

基於三種輻射的不同特性，我們的防禦方法也有所不同。但總的來說，由於釋放這些輻射的放射性物質〔當中既包括核子發電所需的燃料，也包括發電後的各種廢料〕會長期留存在自然界之中〔以千百年為單位〕，一旦外洩，便禍延久遠。

因此，不少人認為，人類長遠來說，應該放棄核能，而盡快轉用安全又清潔得多的「可再生能源」(renewable energies)。

橫空而立
——彩虹盡處有黃金？

相信沒有人會不喜歡見到彩虹。一道七彩亮麗的「虹橋」在雨後初晴橫空而立，其賞心悅目的確是大自然的一種恩賜！但不知大家是否自幼即懷著一個疑問：「我們為甚麼永遠找不到彩虹的落腳處？」

西方人有一種說法：「如果我們抵達彩虹的落腳處，會在那兒找到一桶金子。」〔英語是："A Pot of Gold at the Rainbow's End."〕這當然是一種童話式的戲言，正因為人們知道這是沒有可能的，才浪漫地編織出那兒埋有寶藏的說法。

那麼我們為何永遠無法抵達彩虹的落腳處？

這是因為天空中的彩虹並不是一樣實物，而只是一種光學現象。最先解釋這種現象如何形成的不是別人，正是鼎鼎大名的科學家牛頓（Isaac Newton）。牛頓不單從觀察蘋果的下墜而發現「萬有引力」定律〔至少傳說如是〕，他對光學的研究亦作出了很大的貢獻，其中一項正是破解了彩虹的秘密。

彩虹對每一個人，都是獨一無二

原來在雨後初晴之際，空氣中仍然充滿著無數十分微細的水珠，如果太陽那時剛好在我們的背後，太陽光會把我們前面的水珠照亮。但不要忘記，水是透明的，因此關鍵不在於簡單地反射回來的微弱光線〔當然更不在於那些穿透水珠繼續向前走的光線〕，而是在於那些進入了水珠內部，卻因為角度剛剛好而被水珠的內壁反射回來，並在離開水珠後，角度又剛好射向我們眼睛的那些光線。

留意這些光線雖然來自太陽，但在水珠那兒曾經經歷了三次轉折：

(1) 射進水珠時所經歷的折射（refraction）、

(2) 在水珠內壁的「全內反射」（total internal reflection）、以及

(3) 在離開水珠時再次經歷的折射。

正由於前後兩次的折射作用，白色的陽光就像穿過了一塊玻璃三稜鏡一樣，被分解為「紅、橙、黃、綠、青、藍、紫」七色。〔以「三稜鏡」透射陽光而發現這個「太陽光譜」的，正是牛頓本人。〕

由於要角度上的配合，我們看見的彩虹，都必然是一個巨大圓形的一部分〔亦即一個弧形〕。浪漫之處在於——這道彩虹是

完全屬於「我」這個觀測者的！因為即使有一個人站在「我」的身旁，他（她）所看見的，將是一道在位置上略為不同的彩虹。因此，他（她）所看見的，也完全是屬於他（她）的一道彩虹。當然，如果某人站得離我很遠，或是他（她）所面向的角度不對，那麼他（她）將甚麼也不會看到。

在適合的條件下，我們會看到在主彩虹之外，還會有另一較昏暗的「第二道彩虹」（secondary rainbow），中文的學名叫「霓」。這道彩虹的出現，乃因陽光在水珠內經歷了兩次「全內反射」而最終抵達我們的眼睛而成。由於多了一次反射，「霓」的亮度較主彩虹暗上一截，而顏色排列剛好與主虹的相反，主虹是藍色在內而紅色在外，霓則是紅色在內而藍色在外。

如何自製彩虹？

我們其實可以自己製造彩虹。在一個晴天並且太陽仰角不太高的時刻，只要我們背著太陽並以噴水壺把水噴向前方，便會看到一條屬於我們的小小彩虹。問題是，如今家家戶戶都已在使用蒸氣熨斗，要找一個熨衫用的噴水壺可能也是一件難事呢！

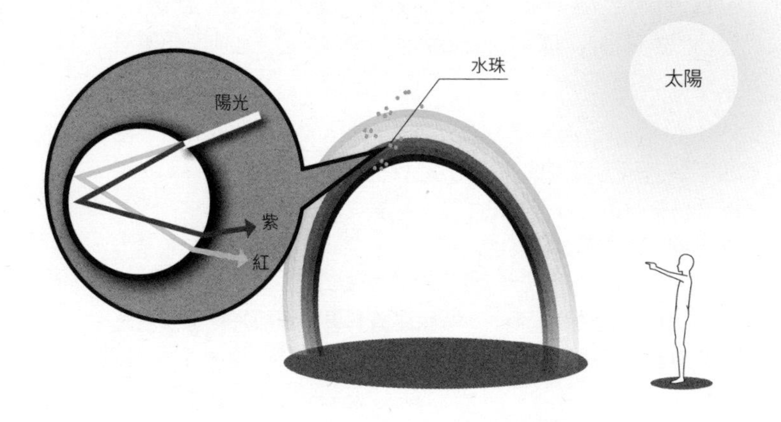

自然界的乾坤大挪移
——「厄爾尼諾」和「拉連娜」究竟是甚麼回事？

大家有聽過「厄爾尼諾」這個名稱嗎？那麼「拉連娜」又如何呢？

如果稍有留意與全球天氣變化有關的新聞，應該都會聽過上述這兩個〔或至少其中的一個〕名詞吧！但對於它們究竟是甚麼東西，相信很多人仍是不大了了。好吧！就讓筆者在此逐步拆解，揭示它們究竟是甚麼樣的一回事。

首先要指出的是，厄爾尼諾與拉連娜其實是同一個現象的正、反兩面。由於最先引起學者重視的是前者，那便讓我們從前者說起吧。

「厄爾尼諾」現象

「厄爾尼諾」是西班牙文 El Nino 的中譯，意思是「幼孩」，而引伸則為「基督聖嬰」(the Christ Child) 之意。但究竟為甚麼有這樣的名稱呢？

原來在南美洲西岸的秘魯（Peru）這個國家對開的海域，由於長期皆有來自深海的冷水上湧（cold upwelling），將海床深處的豐富養分帶往近洋面的地方，於是令那兒的漁產非常豐沃，成為世界上漁獲最為豐富的海域之一。然而，每隔數年〔長短不一〕，這股上湧的冷水會大大減弱，致令養分下降而漁獲大減〔而洋面的溫度亦較往常為高〕。由於這情況最嚴重時往往發生在聖誕節的前後，所以那兒的人稱之為 El Nino〔「聖嬰事件」〕，科學家則稱為「聖嬰暖流」。

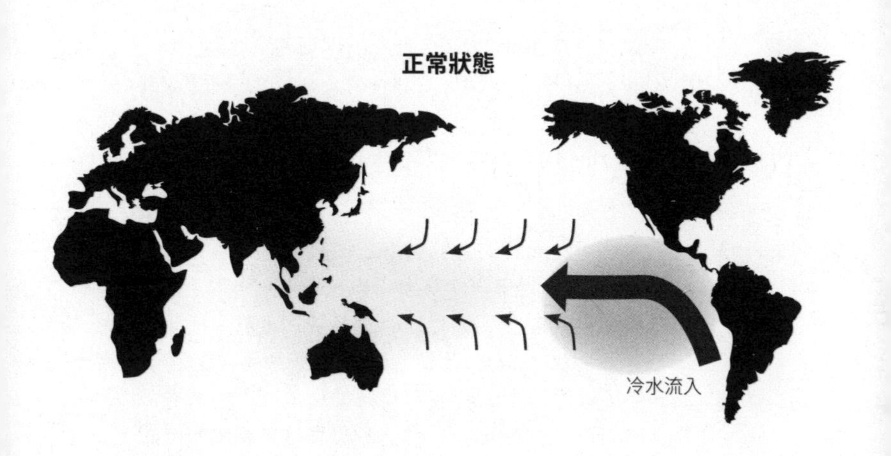
正常狀態
冷水流入

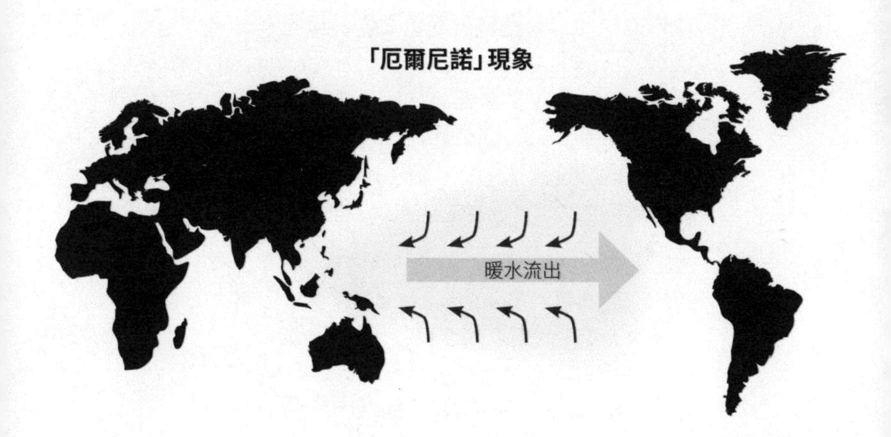
「厄爾尼諾」現象
暖水流出

這個現象受到科學界的重視，始於上世紀下半葉。經過了數十年的深入研究，科學家發現，伴隨著厄爾尼諾的出現，大氣層和海洋至少會呈現以下四大變化：

(1) 太平洋東、西兩端的洋面溫度出現異常（sea surface temperature anomaly）：全球平均水溫最高的洋面是菲律賓以東的區域，而在厄爾尼諾出現期間，這個高溫區會不斷向東伸展，致令太平洋中部亦會出現異常高溫。而當高溫區抵達南美洲西岸時，便會形成「聖嬰現象」。

(2) 太平洋東、西兩端的大氣氣壓出現異常（air pressure anomaly）：東太平洋的氣壓平均較西太平洋的為高，但在厄爾尼諾期間，這種氣壓差會減弱，甚至出現逆轉，亦即西太平洋的氣壓會變得較東太平洋的還要高。由於這種變化最初被發現時被稱為「南方濤動」（Southern Oscillation），是以科學界後來把兩者合起來稱為「El Nino-Southern Oscillation Event」〔簡稱ENSO 事件〕。

(3) 在赤道以北的太平洋洋面，主要的風向來自東北，我們稱為「東北信風」（northeast trade winds），而在赤道以南，則主要來自東南，我們稱為「東南信風」（southeast trade winds）。但在厄爾尼諾期間，這個偏東風的「信風系統」（trade wind system）會大為減弱，甚至會出現「西風壓倒東風」的情況。

(4) 由於上述的溫度、氣壓和風向的逆轉，太平洋東、西兩端的海面高度（mean sea level）亦會出現異常。在平時，西太平洋的海平面會較東太平洋的為高，幅度約為10 厘米。但在特強的厄爾尼諾期間，這種情況會逆轉，致令東太平洋的海平面較西面的高出達 20 厘米之多。

上述只是一個粗略的描述，實際的區域性變化還要複雜得多，其中包括水汽輸送的變化、上升氣流和下沉氣流的變化、洋流流向和強弱的變化等。

總的結果是，由於上述的變化，太平洋周邊地區會出現眾多的反常天氣——應該下雨的地方不下雨而出現旱災、不應該下雨的地方則滂沱大雨造成洪災、颱風的形成和移動路徑出現反常……

所有這些，都對億萬人的生計甚至生命帶來嚴重的危害。研究顯示，這些影響更會超出太平洋的區域，而延伸至印度洋甚至非洲等地方。

「拉連娜」現象

至於「拉連娜」則是「厄爾尼諾」的反面。照理來說，異常的反面應是較為正常的狀況。但科學家發現，當拉連娜變得特強的時候，原來也會帶來各種反常的災害性天氣。

ENSO 是地球大氣環流（atmospheric circulation）中的重大波動，這種波動最令人困惑之處有二：

(1) 出現的周期甚不規則，最短的時間可以相隔只是兩、三年，但最長的時間卻可以接近十年之久〔而每次出現則可以持續大半年至兩年不等〕；

(2) 誘發的原因至今仍不清楚。回顧上述的四大徵狀〔還有一些未有列出的〕，差不多每一個都可以是其他的因，也可以是其他的果……其中的「因果鏈」便好像一條咬著自己尾巴的蛇，不知從何說起。

但有一點是頗為肯定的——眾多科學家的研究都顯示，隨著全球暖化的加劇，厄爾尼諾的猛烈程度會變本加厲，而它所導致的天災也會更加嚴重！

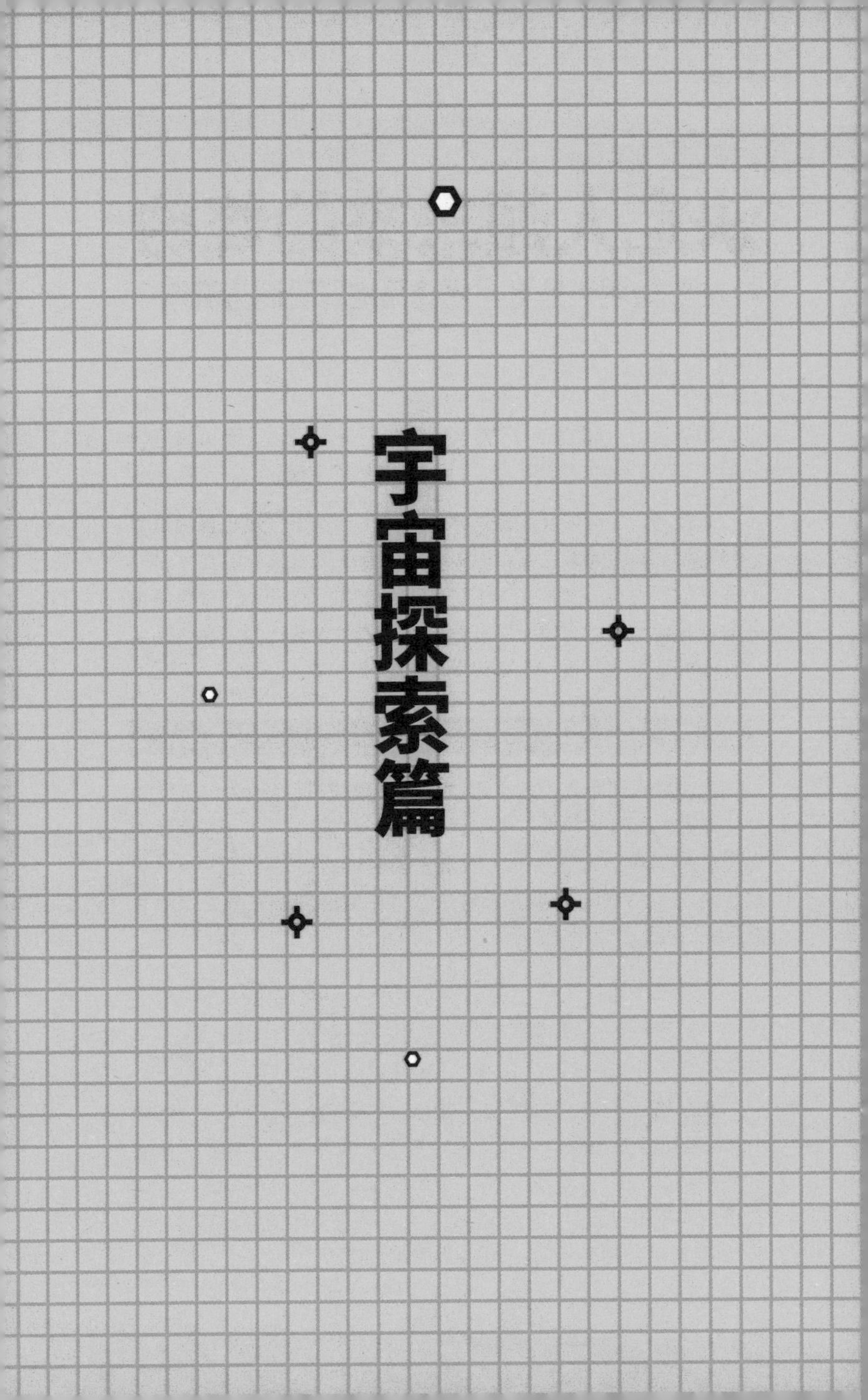

宇宙探索篇

決定人類未來的條約
——假如明天外星人便降落地球我們怎麼辦？

如果你今天問我：「影響人類未來至為深遠的國際協議是哪一條？」我會不加思索地回答，是：「《巴黎協議》。」

這是因為，假如我們無法在短期內大幅減低二氧化碳的排放〔亦即盡快以「可再生能源」取代不斷排放二氧化碳的煤、石油和天然氣等「化石燃料」〕，便會大大加劇「溫室效應」所帶來的全球暖化和氣候災變，這勢會導致巨大的生態環境災難，甚至因此而導致第三次世界大戰的爆發！

外太空不屬於任何人類

但如果〔筆者當然衷心希望這個如果成真〕全世界的人能夠齊心協力，既有效地對抗全球暖化危機，也避免了第三次大戰的爆發，那麼長遠來說，對人類未來發展影響最為深遠的一條條約，必然是今天沒有多少人留意的《外太空條約》（The Outer Space Treaty）。

不要以為這是甚麼新生事物。事實上，這一條約早於 1966 年便已在聯合國大會通過，並於 1967 年 10 月 10 日生效，而且無限期有效。

要了解這條條約的性質，看看它的全名已可知八、九——《關於各國探索和利用包括月球和其他天體的外太空活動所應遵守原則的條約》。更具體地說，條約規定太空和所有地球以外的天體皆不屬於任何個人、團體或國家，而各國在探索和開發這些天體時，必須遵守和平合作及非軍事化的原則。

留意人類首次登月是 1969 年，而這一條約成立於 1966 年，可見當年推動條約的人確是高瞻遠矚。

《外太空條約》

1. **共同利益的原則**：探索和利用外太空應為所有國家謀福利，而無論其經濟或科學發展的程度如何；
2. **自由探索和利用原則**：各國應在平等的基礎上，根據國際法自由地探索和利用外太空，自由進入天體的一切區域；
3. **不得據為己有原則**：不得通過提出主權要求，使用、佔領或以其他任何方式把外太空據為己有；
4. **限制軍事化原則**：不在繞地球軌道及天體外放置或部署核武器或任何其他大規模毀滅性武器；
5. **援救太空員的原則**：在太空員發生意外事故、遇險或緊急降落時，應給予他們一切可能的援助，並將他們迅速安全地交還給發射國；
6. **國家責任原則**：各國應對其太空活動承擔國際責任，不管這種活動是由政府部門還是由非政府部門進行的；
7. **對空間物體的管轄權和控制權原則**：射入太空的空間物體登記國對其在太空的物體仍保持管轄權和控制權；
8. **太空物體登記原則**：凡進行太空活動的國家同意在最大可能和實際可行的範圍內將活動的狀況、地點及結果通知聯合國秘書長；
9. **保護空間環境原則**：太空活動應避免使太空遭受有害的污染，防止地外物質的引入使地球環境發生不利的變化；
10. **國際合作原則**：各國從事太空活動應進行合作互助。

面對天外來者如何對應準備？

另一條高瞻遠矚的條約，是有關人類一旦收到外星文明的訊息〔或甚至與外星文明進行實質接觸〕，我們應該怎樣回應的條約。

嚴格來說，有關的條文仍未在聯合國大會通過，所以不能稱為條約，而只能稱為「建議的步驟和守則」（protocol）。其實早於 1960 年，美國國家航空暨太空總署（NASA）在一份研究報告中，便已指出必須盡快建立一套有關的守則。到了八十年代，積極參與「外太空智慧生命探索計劃」（Search for Extra-terrestrial Intelligence，簡稱 SETI）的科學家 John Billingham 首次草擬了一份正式的文本。過去數十年來，不少學者〔包括心理學家、社會學家、法律學家、國際關係學家等〕皆對文本提出了修訂和補充，並把有關的行為準則稱為《偵測後行為守則》〔Post-Detection Protocol，簡稱 PDP〕。

到目前為止，這份由國際太空航行學院（International Academy of Astronautics）所確認和公布的守則〔又稱為《原則聲明》（Declaration of Principles）〕已經受到各國多個專業太空組織所接納。原則上，有關的守則也應成為上述的《外太空條約》的一部分，只是這個議題牽涉到重大的國家利益〔也有人覺得帶有過分臆想性〕，所以至今未有獲得在聯合國大會的討論和通過。

然而，如果我們明天便從無線電探測器收到外星人的「天外來鴻」，或是明天便有一隻由外星人駕駛的飛碟在添馬公園〔或天安門廣場〕降落，有關的政府應該怎樣應對？各國的政府應該怎樣協調？我們又應該如何處理可能在普羅大眾〔特別是虔誠的宗教信徒〕之中出現的種種反應？這些都是龐大和複雜得可以的問題。

在筆者看來，我們對此應該早作準備，以免到時出現混亂、猜疑、恐慌，甚至社會和國際秩序崩潰等可怕後果。科幻電影如《超時空接觸》(Contact, 1997) 和《天煞異降》(Arrival, 2016) 等，皆對可能出現的情況作出了不同角度的描寫，但真實的情況可能比想像中更複雜更糟糕。

這種事情可能數千年內也不會發生，也可能明天便發生。但無論如何，人類的命運，很可能視乎我們對此能否作出恰當的反應。

地球人，你準備好了嗎？

消失的繁星
——《引力邊緣》中的科學知識

大家有看過一套精彩的電影《引力邊緣》(Gravity) 嗎？電影中所展示的壯麗太空景象，以及人類在逆境中的堅毅求生意志，都令觀眾拍案叫絕。但熱愛科學的你在欣賞之餘，有沒有想過電影中所描述的太空情境，有多少是合乎科學？又有多少是與事實不符的呢？

首先，由於參考了大量人類在太空拍攝的景象，電影中的太空景象〔例如地球處於白晝和黑夜的表面，太空中的「日出」、「日落」等〕是極其逼真的。

但作為一個「天文發燒友」的筆者而言，對其中展示的星空仍有不滿之處。以我數十年的觀星經驗，知道即使有大氣層的阻隔，在天朗氣清的情況下，星空的璀璨是如何的懾人心魄，那麼在沒有大氣層阻礙的太空，我們的所見不是應該更為震撼嗎？為甚麼在電影之中的星空，好像較在地球表面看的還要遜色？

攝影機錄像 vs 肉眼景象

這兒其實牽涉到一個微妙的分別，那便是我們是假設電影中所見的情景乃透過肉眼親身所見？還是透過攝影機的鏡頭所見呢？

兩者之所以有分別，是因為即使今天的攝影技術如何發達，跟人眼〔嚴格來說是人的「眼、腦系統」〕相比起來，對光暗強弱對比的處理還是技遜一籌。簡單來說，在強光的影響下，攝影機要適應強光，便會令較暗的事物漆黑一片〔攝影術語中的所謂「under」〕；如果要令較暗的事物看得清楚，則會令強光下的事物因過度曝光而變得一片白色〔攝影術語中的所謂「over」〕。這正是為甚麼我們看人類登月〔或較近的「嫦娥號」無人太空船登月〕的錄像時，月球的天空雖然因為沒有空氣而漆黑一片，卻是看不到滿天星斗的原因。

相反，人眼的瞳孔固然也會隨著光暗變化而收縮或擴張，但總的來說，它對光暗強弱變化的處理本領是高強得多。也就是說，如果不是受到特強光源的直接影響〔例如避開了太陽、地球的日照面、月球的日照面，以及任何正在反射太陽光的太空船或太空站部分〕，的確可以在太空中看到繁星滿布〔包括壯闊瑰麗的銀河〕的震撼景象。

按筆者的推斷，由於電影太過忠於透過攝影機獲得的景象，反而喪失了在太空中應該有機會看到的「超級璀璨」的星空奇景。

2008 年中，我與太太和女兒跟隨香港天文學會前赴新疆觀看日全食，於日食的前一晚在野外的營地觀星。在天朗氣清亦無月色影響的環境下，璀璨的星空令人屏氣凝神驚嘆不已。女兒在天文學會的資深會友指導下，更用腳架拍了她的第一輯天文照片，其中一張銀河剪影漂亮之致，後來被我收錄到《浩哉新宇宙》這本書中。我在書中這樣說道：「如果大家已經覺得很美，我可以告訴大家，實地肉眼所見的情景，壯麗何止十倍！」

失重 = 擺脫地心吸力？

電影中所展示的失重和真空狀態是逼真的，但香港所改的中文電影名稱則有誤導之嫌。

大家可能都會同意，在影片最後一幕，女主角重新「腳踏實地」的那個鏡頭，除了令人激動不已之外，也令我們深深感到，我們一直想擺脫的「地心吸力」原來是這麼可愛！

但問題是，電影情節百分之九十九在失重的太空中發生，是否表示太空船或太空站所處的空間是在「引力邊緣」呢？事實當然不是。如果那兒已是「引力邊緣」，那麼距離遠得多的月球又為何會乖乖的不停地環繞著地球運行呢？顯然，即使月球位於這麼遠的位置，它仍是在地球引力場的牢牢掌握之中。

一個我們必須擁有的基本科學常識是——太空人之所以處於失重狀態，絕不表示他們已經擺脫了地心吸力的影響，而是因為他們處於「自由墜落」(free fall) 的運動之中。

理論上，太空船〔或太空站〕每一刻都在墜向地球，只不過它們的軌道運行速度 (orbital speed) 令它們的拋物線弧度 (parabolic curvature) 與地球表面的弧度一模一樣，也就是說，即使它們每一刻都在下墜，卻永遠碰觸不到地球表面〔因為地球表面在不斷彎曲〕。

有了這個認識，我們便明白《引力邊緣》這個中文譯名是何等誤導。相反，英文原名《Gravity》則言簡意賅而又不與科學相牴觸。

通向宇宙的跳板
——潛能無限的太空站

所謂「太空站」〔space station，內地稱為「空間站」〕，是指在太空中環繞著地球運行的、可供人類作較長時間逗留的一個起居室。我們當然可以有環繞著別的天體〔如月球或火星〕運行的太空站，但就目前〔二十一世紀初〕為止，興建一個永久性的「地球太空站」，已經是對人類科技能力的一項巨大挑戰。

和平開發 vs 軍事部署

我們為甚麼要興建太空站呢？簡單地說，大致可以分為「和平開發」和「軍事部署（甚至佔領）」兩大原因。不用說，我們必須極力抵制後者。事實上，把任何大殺傷力武器放置於太空甚至月球之上，都會違反 1967 年由聯合國所訂立的《外太空條約》〔Outer Space Treaty〕。

可惜的是，多個大國多年來已經把眾多的軍事偵察衛星〔reconnaissance satellites〕放置於太空，其中一些更是可以移近敵方的衛星並予以摧毀的「殺手衛星」（killer satellites）。無論我們同意與否，某一程度的「太空軍事化」已經靜悄悄地進行了數十年之久。

我們最想見到的，當然是為「和平開發」而興建的太空站。而迄今為止，無論是前蘇聯、美國、以及中國如今正努力興建的太空站，都強調是為了和平開發而建設的。筆者衷心希望這不止是口號，而是永遠不會改變的事實。

那麼所謂和平開發，實包括了甚麼具體內容呢？扼要而言，這包括了：(1) 科學研究、(2) 工業生產，以及 (3) 拓展人類活動空間，甚至作為人類通向無盡宇宙的「跳板」這三大方面。

先說科學研究。在軌道運行的太空站長期處於「無重狀態」(weightlessness)，而在站外則有地球即使是最先進的實驗室也難以複制的「高度真空」(hard vacuum) 和無塵的環境，而且也很易便可以獲得極高溫和極低溫的狀態 —— 所有這些，都為各種科學研究提供了珍貴的獨有條件。而對於天文學家而言，能夠擺脫地球大氣層的各種干擾而透過「全頻段」(full electromagnetic spectrum) 直接窺探宇宙，更當然是夢寐以求的一回事。

上述這些條件，也同樣為高科技工業生產帶來巨大的發展潛質。其中包括了各種嶄新材料的研發和生產、新品種藥物和各種生物材料〔如血清和幹細胞〕的提煉和製造、新能源的開發，以及通訊科技、納米科技 (nanotechnology) 和機械人科技 (robotics) 等的研發。

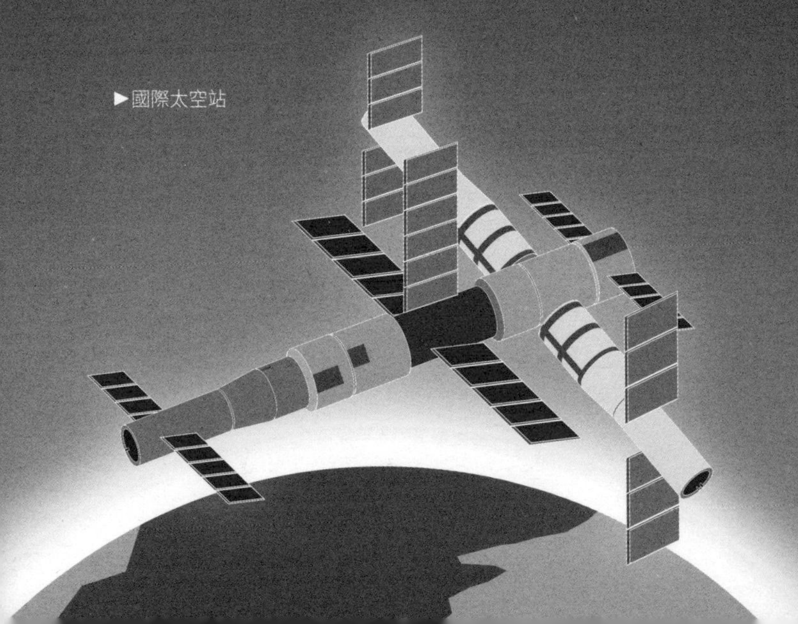

►國際太空站

至今為止，規模最大而又逗留太空最長久的，是由美國主導興建的「國際太空站」〔International Space Station，簡稱ISS〕。這個站每年至少四次由地面發射太空船以進行物資補給和人員換班。至筆者執筆的 2017 年中，已先後有近二百三十個不同國籍的太空人和科學家到過這個太空站，而眾多的科學實驗已對人類的知識探求和工藝技術的提升作出了重大的貢獻。

不過，就筆者而言，太空站最為激動人心之處，乃在於它第三方面的功能，亦即成為人類探索宇宙的跳板。

從月球表面，將材料射往地球軌道

其實早於十九世紀末，有「太空之父」之稱的俄國學者康斯坦丁・齊奧爾科夫斯基（Konstantin Tsiolkovsky），便已於他的著作之中，提出了建立環繞地球的太空居所，以作為太空探險的「中途站」這個偉大構想。經典科幻電影《2001 太空漫遊》開場時那個壯觀的「雙環形」巨型太空站，正是基於他的構思〔及往後一些科學家的類似構思〕所設計出來的。

當然，如果建設巨型太空站的材料〔以及人們所需的空氣、水和食物〕乃全部由地球表面運送上去，則未成為「跳板」之前，太空站將會造成極大的物質和能源的虛耗，以及地球環境的破壞。

有見及此，有「太空先知」之稱的著名科幻作家克拉克（Arthur C. Clarke）早於上世紀六十年代便指出，最合理的做法，是先於月球建立基地，然後透過「電磁彈射炮」（electromagnetic rail gun），把大量的建築材料從月球表面射往地球軌道。這是一個十分精彩的想法。至於是否終有實現的一天，且讓我們拭目以待。

奇妙的「引力加速」
——太空航行中的「免費午餐」

大家看了科幻大電影《火星任務》(The Martian) 了嗎？這部電影除了好看之外，它最引起人們談論的，不用說就是其中相關科學的內容了。當中內容之豐富，本文當然無法完全涵蓋，筆者打算在這兒介紹的，是太空船「賀米斯號」(Hermes) 怎樣能夠在返回地球的航程期間，掉頭折返火星拯救男主角的「天體力學」(celestial mechanics) 原理。

首先我們要了解的是，在沒有地面摩擦也沒有空氣阻力的太空之中，任何物體只要有了一個「初始速度」(initial velocity)，它便會按照牛頓「第一運動定律」的描述，在太空中以勻速作直線運動，直至它受外力影響為止。也就是說，它雖然在不停地運動，卻不需要任何燃料噴射的推進。

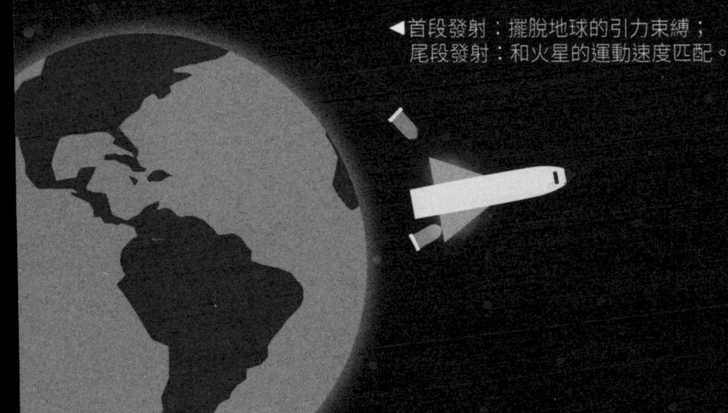
◀首段發射：擺脫地球的引力束縛；
尾段發射：和火星的運動速度匹配。

第一逃脫速度 vs 第二逃脫速度

當然，在太陽系內，物體在任何時間都受著太陽和各大行星的引力場所影響。身處地球上的我們，要進入太空的話，首先便要克服地球引力場的束縛。這便是太空船進入地球軌道所需的「軌道速度」、進入「行星際空間」(interplanetary space) 的「第一逃脫速度」、和離開太陽系進入「恆星際空間」(interstellar space) 的「第二逃脫速度」。

要到火星進行探險，我們只需達到上述的「第一逃脫速度」，而辦法是讓太空船進入一個橢圓形的軌道——這個軌道的一端與地球上的軌道相接，而另一端則與火星的軌道相接。在去程期間，太空船只是沿著這個橢圓形軌道的一半運動，而火箭只需在一首一尾的階段發射，而中段絕大部分時間是不需燃料推進的「自由落體」(free-falling) 運動。〔首段的發射是為了擺脫地球的引力束縛，而尾段的發射是為了和火星的運動速度匹配。〕

至於回程，幾乎是去程的「鏡像」——太空船沿著橢圓形軌道的另一半運動，而火箭也是只需在首、尾階段發射，期間絕大部分時間太空船也是以自由落體的形式從火星返回地球。

有了上述的認識，我們便可明白電影中的「賀米斯號」是如何進行拯救。它原本已在回程，但它啟動了輔助火箭將航道偏折，致令它抵達地球時不會進入「停泊軌道」(parking orbit)，而是會以高速繞過地球，然後再向火星進發。從中它更可借助地球的引力場，提升它的運動速度。這在天體力學和太空航行的術語稱為「引力加速」(gravity assist)。〔理論上，地球的自轉會因此而慢了下來，但具體的影響將會微乎其微，甚至可以忽略不計。對於太空船來說，這種引力加速可說是太空航行中的一趟「免費午餐」。〕

好了，當太空船一旦進入返回火星的軌道，也是不需再消耗任何燃料便可跨越巨大的距離。但當它接近火星時，便需要發射火箭進行軌道校正，以跟男主角乘坐的「接駁船」會合〔這艘接駁船是為了四年後的下一次火星任務而事先被放到火星上的〕。這是整個過程中難度最高的環節，自然也是電影中最令人手心冒汗的高潮。

電影中的「賀米斯號」不但發射了「調節火箭」〔術語稱attitude jets〕，還進行了部分船身爆破的極端手段，才能進入適當的軌道；而男主角也採取了不少破格的極端策略，才可和拯救他的「賀米斯號」號長會合，其中的細節就不在此細述了，關鍵的概念在於——雙方無論在距離還是運動速度方面，都必須高度配合，拯救才可實現。

再補充一個基本科學概念——電影中提到來回火星的航程需時數百日，難道我們不可以提升太空船的速度，從而將所需的時間大大縮短嗎？理論上我們當然可以這樣做，但這表示我們將放棄「自由落體」下的無動力推進軌道，而採取幾乎全程都由火箭強力推進的形式。太空船必須攜帶的燃料，將會因此大上千倍甚至萬倍，所以是完全不切實際的。

反物質之謎
──水火不容的「正粒子」和「反粒子」

大家有聽過「反物質」這個名詞嗎？表面聽來這是挺奇怪的一回事──我們的世界不是由物質組成的嗎？而物質的「反面」不應是一無所有的空間嗎？為甚麼會有一種東西叫「反物質」呢？

故事必須從十九世紀的「原子論」（Atomic Theory）說起。當時的英國科學家道爾頓（John Dalton）為了解釋化學反應中的質量比例，大膽假設了各種「元素」（elements）如金、銀、銅、氧、氮、碳等，乃由一些微小得無法再被分割的單元所組成，這些單元稱為「原子」（atom）。往後百多年，人們對「原子」的了解大大加深，並且知道它們實由更基本的單元如「質子」（proton）、「中子」（neutron）和「電子」（electron）等所組成。

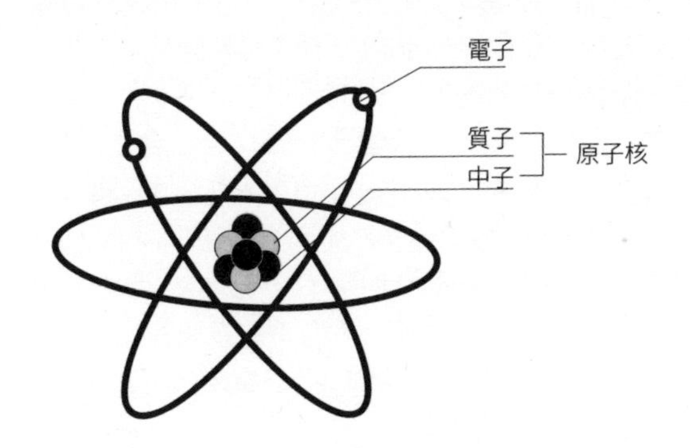

* 註：這只是示意圖，真實的原子無法被簡單地描繪。

道爾頓認為「原子」不可分割固然錯誤，但以當時的科學水平而言卻也十分正確，因為「原子」的確不能以一般我們在實驗室裡所採用的化學方法分解〔這些方法只能影響「原子」最外圍的「電子」〕，而必須以「粒子」加速器等龐大的機器才可以拆開。

擁有「負能量」的粒子

隨著「原子物理學」〔如今多稱為「核子物理學」〕的進步，科學家不但找到了「質子」、「中子」和「電子」，還陸續找到了「中微子」(neutrino) 和「介子」(meson) 等他們統稱為「基本粒子」(fundamental particles) 的東西。

要描述這些「基本粒子」的行為，物理學家薛定諤 (Erwin Schrodinger) 在二十世紀初建立起一條獨特的「波動方程」(wave equation)。當另一位物理學家狄拉克 (Paul Dirac) 於 1928 年將由愛因斯坦建立的「相對論」應用到這條方程之時，他驚訝地發現，方程中的一個解案，顯示出相對於每一種「基本粒子」都應該有一顆「反粒子」(anti-particle)。〔嚴格來說，最初的發現顯示宇宙間應該存在著擁有「負能量」的「粒子」〕。

最初，這個理論演繹令人匪夷所思，但只是五年後〔1932 年〕，科學家安德遜 (Carl Anderson) 便在實驗期間發現了所有性質都和「電子」一樣，只是電荷剛剛相反的「正電子」〔positive electron，縮寫為 positron；中文又稱「陽電子」〕。自此之後，科學家陸續發現了「反質子」〔anti-proton；帶有「負電荷」〕和「反中子」〔anti-neutron；一般的「中子」會衰變為「質子」、「電子」和「中微子」，而「反中子」則會衰變為「反質子」、「反電子」和「中微子」〕。

二十世紀下半葉，科學家興奮地發現，「質子」、「中子」和「介子」等實由更基本的「夸克子」(quark) 所組成，而這些「夸克子」〔共有六種〕皆有其「反粒子」(anti-quarks)。

理論上，「反質子」、「反中子」和「反電子」可以組合成各種「反元素」（反碳、反氧），從而組成各種各樣的「反物質」。事實上，科學家便曾於實驗室中製造出由一顆「反電子」和一顆「反質子」組成的「反氫」（anti-hydrogen），只是這種物質有如曇花一現，轉眼〔億兆分之一秒內〕便會消失。

為甚麼？原來所有「粒子」和它們的「反粒子」都有如冤家路窄的死對頭，只要相遇便會把對方毀滅，結果是兩者都會化作一縷青煙而四逸。〔咳！這是浪漫化的比喻，實質是化作高能的「伽馬射線」（gamma radiation）〕，科學家把這種現象稱為「湮滅作用」（annihilation）。

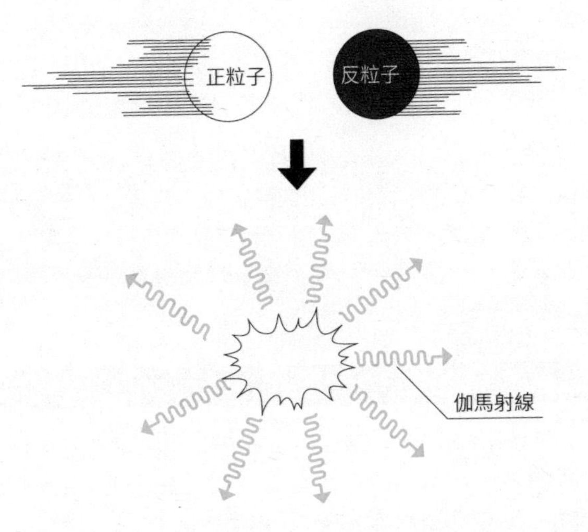

▲「正粒子」和「反粒子」相撞，化成「伽馬射線」，兩者一同消失。

宇宙原來是雜質
——我們都是湮滅作用下的餘生者

我們在上一篇文章看過，這個世界不單存在著物質，也可以存在著一種叫「反物質」(anti-matter) 的東西。

在最微觀的層面，我們有「反夸克子」(anti-quark) 和「反電子」(positron)、以及由「反夸克子」組成的「反質子」(anti-proton)、「反中子」(anti-neutron)、「反介子」(anti-meson) 等「反粒子」(anti-particles)。理論上，我們可以有由這些「反粒子」組成的「反氫」、「反氦」、「反碳」、「反氧」、「反金」等「反元素」。我說理論上，是因為我們從未在自然界中找到這些東西。

我們之所以沒有找到這些反物質是有其道理的。原來科學家的研究告訴我們，任何反粒子和它的正粒子相遇的話，將會出現「同歸於盡」的毀滅性反應，而兩者皆會化作「純能量」〔高能「伽馬射線」〕而消散。這種反應科學家稱為「湮滅作用」(annihilation)。

正、反粒子，無中生有

那麼科學家是怎樣研究這些反粒子的呢？原來在粒子物理學的世界裡，一些粒子在大型的「粒子加速器」(particle accelerator) 中彼此猛烈碰撞時，可以產生出不同的反粒子，只是這些反粒子很快〔往往在億兆分之一秒內〕便會跟它的正粒子相遇而相互湮滅了。

科學家亦發現，在非常高能量的狀態下，一顆光子在接近原子核的範圍內可以轉化為一對正、反粒子〔如一顆電子和它的反粒子〕，之後兩者各散東西，往後的理論研究更顯示，一些「正、反粒子對」可以無中生有地從真空中出現，只是它們很快便會相互湮滅。這種現象科學家稱為「粒子對生成」或「偶生成」（pair production）。

現在問題來了，按照科學家的研究，物質和反物質就好像中國的「陰」與「陽」一樣，必然是「有我便有你、有你便有我」的成雙成對的出現，但我們現時身處的宇宙，卻只探測到其中的一種，那麼另外的一半跑到哪兒去呢？

可能大家都聽過「大爆炸宇宙論」（Big Bang Theory），並知道宇宙是從遠古時〔約一百三十八億年前〕的一趟大爆炸中誕生的。按照這個理論，在宇宙誕生的一刻，必然存在著等量的物質和反物質，那為甚麼我們今天在宇宙中卻找不到反物質的存在呢？

一個最簡單的解釋，是所謂「等量」原來並不完全相等，而是可能有極微小的偏差〔可能只是兆兆兆兆兆……分之一〕出現。結果是，在宇宙誕生之初，百分之99.99999999999999999……的物質與反物質都因為湮滅作用而相互毀滅〔即化為輻射〕，而剩下來那 0.000000……0000001 的偏差，便演化成為我們今天所見的宇宙！

這實在是一個太震撼的結論了！原來〔如果理論正確〕我們這個浩瀚得驚人的宇宙，只是宇宙誕生時的那一丁點兒雜質！或者可以這麼說，如果沒有了這丁點雜質，便不會有人類在今天為這個問題而困惑了……

浩瀚宇宙 = 0.000000……0000001 的雜質

匪夷所思的時空膨脹
——從氣笛聲到宇宙的歸宿

大家都曾有過以下的經驗吧——站在行人路上時，遇有一輛救護車或消防車鳴著警笛，在旁邊高速駛過。

好了，如果真的有遇過這情況，那麼筆者又想問問大家——你覺得自己所聽到的警笛聲，在車輛經過我們身邊之前和之後，有甚麼分別呢？

稍有留意身邊事物的人都會知道，聲音是有明顯分別的。在車輛大致朝著我們駛來之前，警笛的聲調（pitch）會較高〔較為高音〕；而在遠離我們之時，聲調則會較低〔聲音較沉〕。

多普勒效應

以上是大多數人都會不以為意的「常識」，但我們有沒有想過，警笛的聲音其實一直沒有改變，而對於坐在救護車或消防車上的人來說，警笛的聲調事實上一直都十分平穩而不會時高時低？結論是甚麼？結論是——站在路旁的我們之所以聽到聲調的變化，是因為我們和警笛之間有一種「相對運動」（relative motion），由此而令人聽到不同的音調。

我們知道聲音乃由空氣的振動所引起，而振動的「頻率」（frequency）愈高〔例如每秒超過一萬次〕，音調便愈高；相反，振動的頻率愈低〔例如每秒少於一百次〕，音調便愈低。〔人耳的聽感範圍大致在每秒二十周到每秒二萬周之間。〕上述現象背

後的原理是，假設一個發聲的物體正朝著我們高速運動，每一個聲波到達我們的時間間隔會較它靜止不動時縮短了，令我們所接收到的聲波頻率上升，亦即音調較高；相反，如果發聲的物體正遠離我們，則每一個聲波到達我們的時間間隔會較它靜止時拉長了，於是我們接收到的聲波頻率下降，亦即音調較沉。由於最先對這個現象作出正確分析的是十九世紀一名奧地利科學家多普勒（Christian Doppler），所以這個現象被稱為「多普勒效應」（Doppler Effect）。

宇宙光譜的「紅移」現象

令人意想不到的是，這個顯淺的原理不但能夠解釋日常生活的現象，更大大加深了人類對宇宙的了解。

在〈橫空而立〉一文中，我們看過牛頓如何用稜鏡將太陽的光線分解為七色的「光譜」（spectrum），從而解釋了彩虹的成因。但他更大的貢獻，其實是開啟了「恆星光譜學」（stellar spectroscopy）的研究，從而揭開了遙遠天體的神秘面紗。

二十世紀初，天文學家在研究銀河系以外的眾多星系（galaxies）之時，發覺它們的光譜（spectrum）都呈現出向紅光方向偏移的情況。要知在光譜的「紅、橙、黃、綠、青、藍、紫」七色當中，以紫色的頻率最高而紅色的頻率最低，基於「多普勒效應」原理，這個「星系光譜紅移」（galactic red-shift）的現象表示了所有這些星系都正在遠離我們。

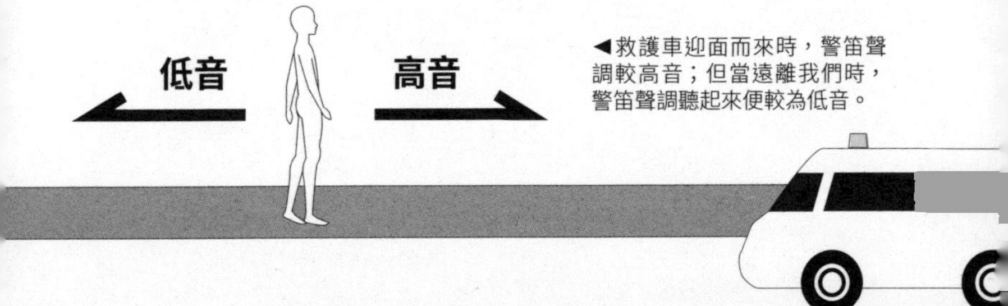

◀救護車迎面而來時，警笛聲調較高音；但當遠離我們時，警笛聲調聽起來便較為低音。

為甚麼會這樣呢？難道我們的銀河系正處於宇宙的中央？科學家很快便得出結論——我們當然不是處於宇宙的中央，而是由於整個時空（space-time）正在膨脹，由此帶來了這個觀測結果，而令人驚嘆和折服的是，愛因斯坦在 1915 年發表的「廣義相對論」（Theory of General Relativity），原來早已經預測了有這樣的可能性。就是這樣，人類發現了「宇宙膨脹」（Expansion of the Universe）這個驚人的事實。

曾經有過一段時期，科學家以為宇宙的膨脹必然會愈來愈慢，甚至在「萬有引力」的作用下停止〔在億億億……萬年以後〕，然後宇宙會進入收縮階段。但上世紀末，科學家驚訝地發現，膨脹的速度不但沒有減慢，而且是愈來愈快！

為甚麼會這樣呢？按照科學家的推斷，這是因為宇宙有一種「暗能量」〔dark energy〕在起著推動作用。但對於這種「暗能量」是甚麼一回事，我們至今仍是一無所知。

太空中的特洛伊群雄
——奇妙的「拉格朗日點」

2011 年 7 月，天文學家發現了一顆「小行星」(asteroid)，將之命名為「2010TK7」。這顆小行星的獨特之處，是它並非好像大部分小行星般處於火星和木星的軌道之間，而是處於地球的「拉格朗日點」(Lagrangian Point)。事實上，它也是迄今為止，人類發現的唯一處於這個位置的小行星。

甚麼是「拉格朗日點」呢？要明白這個有趣的天文概念，必須回到十八世紀時由牛頓所建立的「萬有引力理論」(Theory of Universal Gravitation)。按照這個理論，所有物體都會透過「萬有引力」(gravity) 相互吸引，而吸引力的大小，則視乎物體所具有的「質量」(mass) 的多寡，以及物體之間的相互距離而定。

三體問題

天文學家很快便把這個理論應用於天體運行的研究，並且取得豐碩的成果。然而，他們亦很快發現，萬有引力的方程式只可以用於兩個天體的相互作用，一旦天體的數目達到三個或以上，方程式便無法被確切地算解，這便是物理學中著名的「三體問題」(Three-Body Problem)。

這當然令人十分沮喪，但壞消息中也有好消息。一些數學家發現，如果我們假設第三個天體的質量相比起其餘兩個天體來說乃十分之低，亦即我們只需考慮兩個主要天體對這個「輕如無物」的第三者的影響，則我們可以對方程式進行算解，從而得出這個「第三者」的運動軌跡。就是這樣，人們發現了相對於這兩個天體來說近乎固定不動的五個「拉格朗日點」。

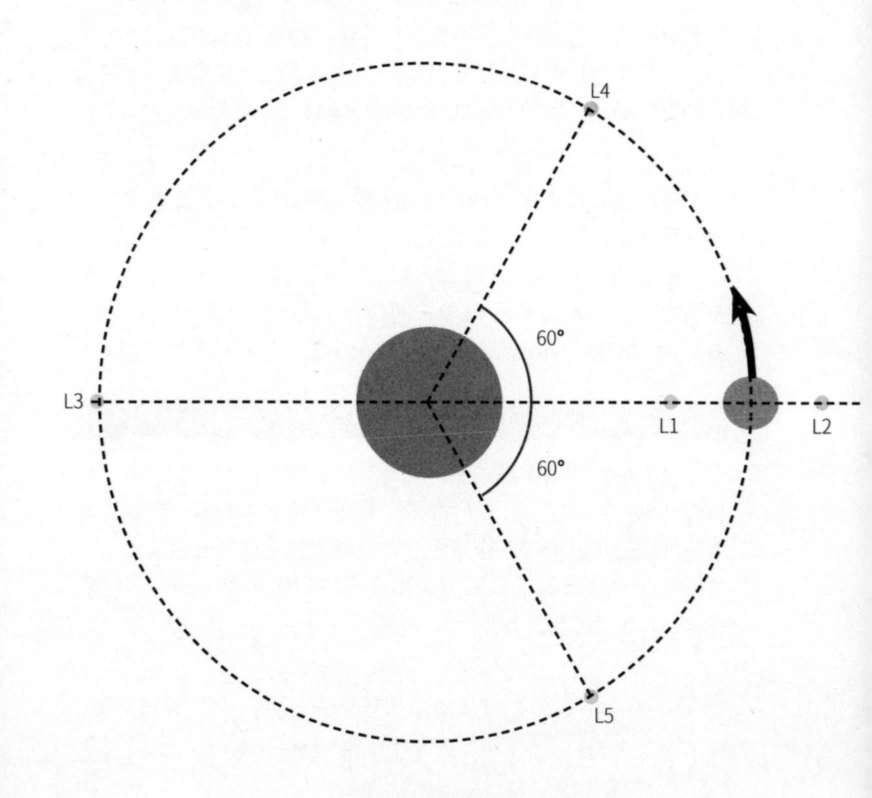

拉格朗日點（L1-L5）

對，「拉格朗日點」共有五個，它們的代號是L1、L2、L3、L4和L5。上圖是它們相對於兩個主要天體的位置，留意大圓和小圓兩個圖形可以代表任何兩個天體。如果我們假設前者代表太陽而後者代表地球的話，則方才提到的「2010TK7」便是處於L4的位置。不用說，這個點離我們十分遙遠。

事實上，由於處於這些點的物體十分穩定而不會隨便漂移，科學家已經把一些太空探測儀器放到其中的一些點之上以方便操作。例如探測宇宙誕生後留存下來的微波背景輻射的「WMAP」，便被放置於L1點；而中國發射的「嫦娥二號」探測器在探測月球之後，已被推進至L2的位置「停泊」下來。

假如我們把大圓形繼續代表太陽，把小圓形代表木星的話，則天文學家的最大興趣便落在L4和L5這兩點之上，這兩點又被稱為「特洛伊點」（Trojan Points）。

為甚麼會有這樣的稱謂呢？原來古希臘的著名史詩《伊利亞特》（Iliad）描述了三千五百年前，希臘人用了十年時間以圍攻「特洛伊城」（City of Troy）的一場「特洛伊之戰」〔Trojan War，著名的《木馬屠城》的故事正源於此〕。而當天文學家在木星的L4與L5點皆發現了小行星群之時，他們選擇了將L4點的小行星以希臘一方的戰士來命名，而將L5點的小行星以特洛伊城的戰士命名。而兩組小行星則統稱為「特洛伊小行星」（Trojan Asteroids）。

回到文首談及的發現之上。由於天文學家已將「特洛伊點」這個概念延伸至任何的L4、L5點〔亦即不一定是木星的L4、L5點〕，因此處於地球L4點的「2010TK7」，便成為了我們首個發現的「地球特洛伊小行星」（Earth Trojan Asteroid）。

時空的漣漪
——揭開「重力波」的面紗

除了生物體〔包括人類〕本身所能發揮的力量，在自然界的各種「基本力」(basic force) 之中，人類最先認識的，必然是「重力」(gravity)。所謂「人望高處，水向低流」，前者指的是人的志向；而後者所指的，則是物理世界中最基本的一個現象——任何沒有得到承托的事物都會掉向地面〔「無孔不人」的水當然是最佳的範例〕，而對我們的祖先來說，不慎從高處墮下，是繼猛獸襲擊之外最危險的意外。

理所當然的「萬有引力」

在一段很長的時間裡，即使人們已經發現地球是個球狀天體，而麥哲倫的船隊已環球航行一周〔1519~1522 年〕，這種「地心吸力」仍被視為理所當然，所以亦毋須作出解釋。重要的突破來自牛頓於 1687 年出版的《數學原理》。在這本科學鉅著中，牛頓指出任何物體都擁有「質量」(mass)，並因此而互相吸引，至於吸引力的大小，乃跟物體質量的「乘積」(multiplication product) 成正比，並跟物體間距離的平方成反比。他把這種吸引力稱為「萬有引力」(Universal Gravitation)，而我們所熟悉的「地心吸力」，只是這種「萬有引力」所起的作用。

相信大家都聽過「牛頓和蘋果」這個故事〔按歷史應發生於 1666 年〕。先不考究這故事有多真實，但牛頓確實天才地將「蘋果熟了為甚麼會下墜〔而不是橫飛或直飛上天〕？」以及「月球為何周而復始地環繞地球〔而不是一去不返地飛出太空〕？」這兩個看似風馬牛不相及的問題連結起來，並指出這兩個現象皆有著同一個解釋——「萬有引力」的作用。

自牛頓的發現以來，人類還陸續發現了另外三種「宇宙基本力」——「電磁作用力」(electromagnetic force)、「強核力」(strong nuclear force) 和「弱核力」(weak nuclear force)。第一種是我們所熟悉的，而其作用也跟「萬有引力」一樣無遠弗屆〔文首提到的「生物體力」，即肌肉力的源頭，就是「電磁作用力」〕。至於後兩種，只是在超微觀的尺度〔「原子」甚至「原子核」的內部〕才起作用。所謂「核能」，就是把這兩種力從「原子」的內部釋放出來。〔一般炸藥的威力都只是來自「電磁作用力」〕。

引力是質量把空間扭曲

讓我們回到「萬有引力」之上。從牛頓看來，這種力是一種無法再被拆解〔因此也帶有點神秘色彩〕的「超距作用」(action-at-a-distance)。二十世紀初，愛因斯坦的「相對論」不單徹底地顛覆了人類有關時間和空間的觀念，還指出了所謂「萬有引力」其實只是帶有「質量」的物體，導致周遭的「四因次時空連續體」(4-dimensional spacetime continuum)〔即時間與空間共同組成的四維時空結構〕出現了彎曲的結果。

由於「電磁作用」也可看成為一個「電磁場」(electromagnetic field) 的作用，而電磁場的激烈震盪會產生「電磁輻射波」〔electromagnetic waves，包括無線電波、微波、紅外線、可見光、紫外線、X- 光、伽瑪射線等〕，很快地，一些科學家即提出——物體的激烈運動〔如兩個黑洞的碰撞〕是否也會激起「時空漣漪」，從而產生出一些我們可以偵測到的「重力波」(gravitational waves) 呢？

但由於偵測這些「重力波」的技術難度非常之高，即使無數科學家在過去大半個世紀作出巨大的努力，還是沒有成功──直至 2016 年 2 月，美國雷射干涉重力波天文台〔Laser Interferometer Gravitational-Wave Observatory，簡稱 LIGO〕的探測系統，發現了兩個黑洞合併時釋出的重力波，這令科學界興奮雀躍不已！

還有一個好消息告訴大家，就是同年 6 月，香港中文大學的物理系正式簽署成為了 LIGO 的全球監測系統的其中一員。也說是說，在這門方興未艾的「重力波天文學」(gravitational astronomy) 之中，香港人將會成為參與和開拓者之一。

▼「萬有引力」是帶有「質量」的物體，令周遭的時間與空間共同組成的四維時空結構出現彎曲的結果。

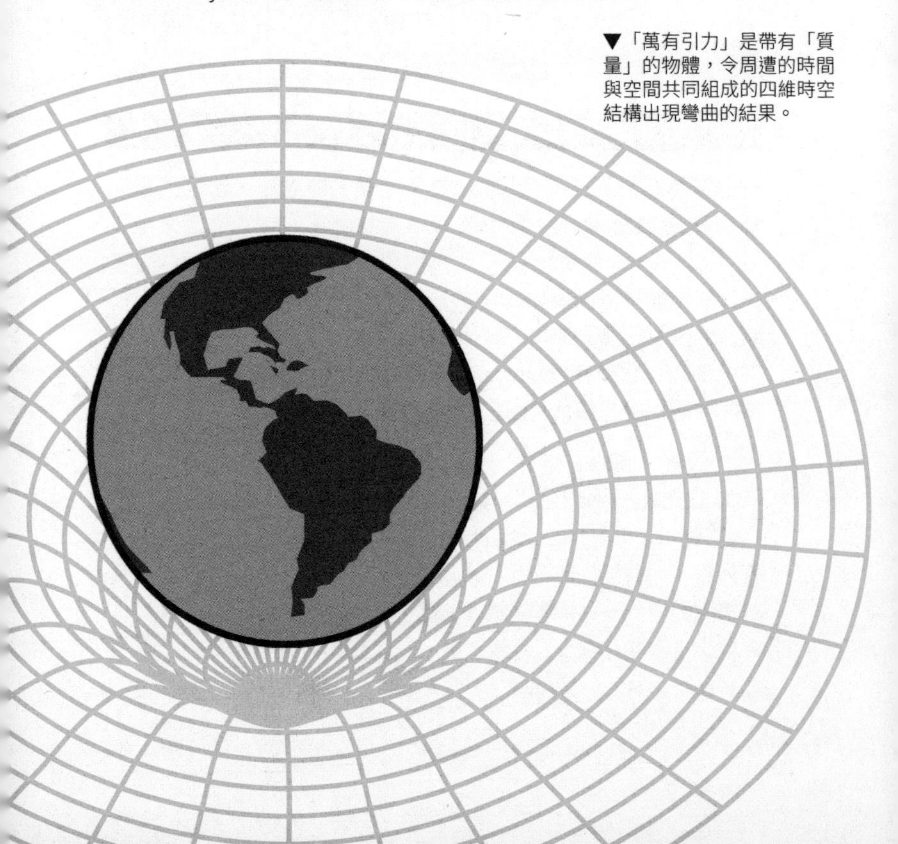

長、闊、高、X
——超乎想像的「超次元空間」

空間、時間、物質、能量，這些都是宇宙中最根本也最神秘的東西。長久以來，空間和時間被看成為一切事物存在和變化的「舞台」。事實上，中國古代對「宇宙」的理解正是——「四方上下謂之宇，古往今來謂之宙」。

三度空間：x、y、z 三軸

留意所謂「四方上下」即包含了「南、北」、「東、西」和「上、下」這三個「向度」〔dimensions，又稱為「度向」、「度」、「維」、「維度」、「因次」、「次元」等〕，也就是我們常說的「三度空間」（three dimensional space）。在數學的「座標系統」（co-ordinate system）之中，我們一般以 x、y、z 三條軸（axis）來表示。這種標示我們稱為「垂直座標系統」（Cartesian coordinate system）。

三度空間

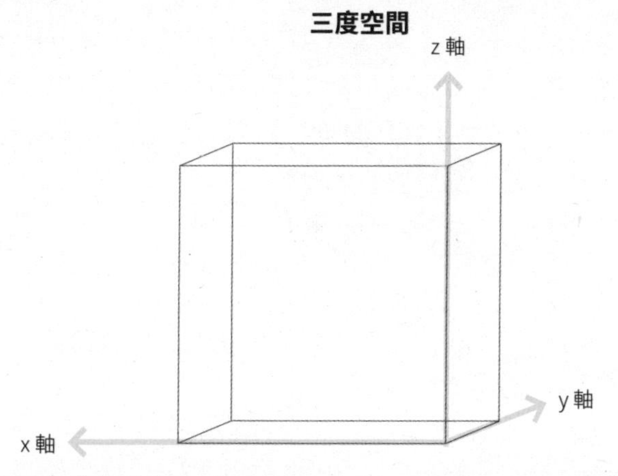

在「三度空間」之中，任何事物都有它的「長、闊、高」。另一方面，如果我們要清楚標示一個物體〔例如一架飛機的位置〕，則至少要提供三個數據，就是——

(1) 它正處於哪個方向？

(2) 它的仰角有多高？

(3) 它離我們有多遠？

以上我們是用了較符合日常應用的「極座標系統」(polar coordinate system)，但只要我們將選定的原點化為「垂直座標」中的「零點」，這三個數據可被轉變成在 x、y、z 這三條軸上的位置。

第四因次：時間

當然，要令這個位置具有實際的意義，我們其實還要提供第四個數據，那便是飛機在甚麼時候處於那個位置。愛因斯坦的「相對論」進一步告訴我們——「時間」和「空間」其實是密不可分的。正因如此，人們往往把「時間」看成為「第四個因次」，並把「時、空」的結合稱為「四因次時空連續體」(four-dimensional spacetime continuum)。

一個有趣的問題是——除了「時間」外，「空間」本身是否還可能有「第四因次」？甚至「第五」、「第六」或更高的因次呢？或者說，「超次元空間」(hyper-dimensional space) 真的存在嗎？

表面看來，「超次元空間」是不可思議的。三度空間的三條座標軸 x、y、z 是彼此互相垂直的 (mutually perpendicular)。如果真的有第四度空間，我們便應該可以定出第四條軸，而這條軸應該同時與 x、y、z 相互垂直。對於身處三度空間的我們，這顯然是難以想像的。

但我們想像不到並不表示數學家演算不到。事實上，數學家經常都借助「超次元空間」的概念以幫助他們進行研究。而物理學家於上世紀末所建立的「超弦理論」(Superstring Theory) 則顯示，在一個比原子還要小很多很多倍的超微觀尺度，「空間」的結構可能是「十因次」〔十維〕甚至「十一因次」〔十一維〕的！只不過在宇宙誕生不久，這些「超次元」的空間被「捲縮」和「隱藏」起來了。

第四度空間的「超球體」

「十維空間」實在太過虛無飄渺匪夷所思了。讓我們謙卑一點，只是嘗試理解一下「第四度空間」是甚麼回事吧。

正如三度空間中有「球體」這種事物，四度空間中也有一種相對應的「超球體」(hyper-sphere)。生活在三度空間的我們，原則上無法想像「超球體」的形狀是怎樣的。但我們可以借助各種比喻來幫助我們瞭解「超球體」是怎樣的一回事。

一條線的切面 (cross-section) 是一個點、一個圓形的切面是一條線、一個球體的切面是一個圓形，這是大家都能理解的。按此推論，大家可以猜猜如果我們對一個「超球體」進行切割，那麼它的切面會是甚麼呢？對，就是一個球體！〔我不是說過不可思議嗎？〕

上述的例子顯示，切割會令物體的維度減一，其實投影也有同樣的效果——一條線的投影〔當然指沿著這條線的維度〕是一個點、一個圓形的投影是一條線〔當然指沿著圓形的平面而言〕、而一個球體的投影則是一個圓形。聰明的你當然已經猜到了：一個「超球體」的投影〔亦即它的影子〕便是一個球體！

更好玩的東西還在後頭呢！現在假設我們將一個三度空間的球體「穿過」一個兩度空間的平面世界〔這當然是一個虛擬的世

界，因為它必須是沒有任何厚度的〕。當球體剛好接觸平面世界時，這個世界的居民〔二度空間人〕會看見一個點突然在他們的世界中出現。而當球體進行「穿越」期間，這個點會擴大成為一個圓形，這個圓形會不斷擴大。而當球體穿越了一半時，這個圓形會達到最大的直徑。之後圓形會逐漸縮細，到最後只剩下一點，然後消失得無影無蹤。

同樣地，現在假設我們將一個四度空間的「超球體」穿過一個三度空間的世界〔亦即我們身處的世界〕。當「超球體」剛好接觸我們的世界時，我們會看見一個點突然在半空中出現。而當「超球體」進行「穿越」期間，這個點會擴大成為一個球形，而這個球會不斷擴大。當「超球體」穿越了一半時，這個球體會達到最大的半徑。之後球體會逐漸縮細，到最後只剩下一點，然後消失得無影無蹤。

「靈異」事件，是超次元空間作怪？

「超次元空間」還有不少令人詫異的地方。例如我們處於三度空間的生物，可以輕易地從一個兩度空間的密室中救走一個囚犯；同理，一個處於四度空間的生物，也可以輕易地從一個三度空間的密度中救走一個囚犯。在我們看來，這便跟哈利．波特(Harry Potter)的魔法無異。也就是說，所有以「密室謀殺案」為題的推理小說可以休矣。

此外，一個三度空間的生物可以輕易看到一個兩度空間生物的內臟。同理，一個四度空間的生物也可以輕易看到我們的內臟。〔著名科幻小說《三體》的第三卷中便有類似的描述。〕

在科幻小說和電影中，「超次元空間」常被用作解釋人類如何能夠超越光速的極限〔例如透過「空間的摺曲」〕，從而令我們可能馳騁於浩瀚的星際空間。科幻電影《星際啟示錄》(Interstellar)便作出了這樣的假設，而在故事的結尾，還展示了男主角身處一個「超立方」(hyper-cube) 之中的奇境。

本文的主題雖然是「超次元空間」，但有趣的是，以空間的「維度」作主題的故事，最經典的卻以探討「亞次元空間」的怪誕情況為題材。筆者指的，是由英國一位教師埃德溫 · 艾勃特 (Edwin A. Abbott) 於 1884 年發表的小說《平面國》(Flatland: A Romance of Many Dimensions)。至於真正探討「超次元」的科幻作品，首推羅伯特 · 海因萊因 (Robert A. Heinlein) 於 1941 年所寫的惹笑中篇小說《他蓋了一幢歪房子》(—And He Built A Crooked House—)，其間描述了數人被困於一個「超立方體」的古怪情況。這兩篇作品都可以在網上找到，筆者強力建議大家找來一看。

中國科幻作家郝景芳於 2012 年發表了一篇名為《北京摺疊》的中篇故事，則利用了「超次元空間」這項「科幻道具」來進行尖銳的社會批判。在故事裡，未來的北京同時存在於三個空間。每四十八小時中，第一空間裡的富豪享受頭一天早上 6 點到第二天早上 6 點的二十四小時，第二空間的中產階層享受第二天早上 6 點到晚上 10 點的十六個小時，至於第三空間的勞苦大眾，則只能享受晚上 10 點到下個早晨 6 點的八個小時。每到轉換時間，屬於前一個空間的北京會摺疊起來，下一個空間的北京則會展開。這個故事於 2016 年獲頒西方科幻界最高的榮譽「雨果獎」(Hugo Award)。

至此大家應該明白，為甚麼很多深信「特異功能」或「靈異事件」(paranormal & psychic phenomena) 的人，都確信有「超次元空間」的存在（他們一般稱為 astral plane），並以此來為各種報稱的靈異事件作出解釋。

但事實是，歷經科學家的努力研究，除了「超弦理論」中所假設的、在超微觀尺度「捲縮」起來的「超元因次」，宏觀尺度的「超次元空間」迄今仍然只是一種純粹的臆想，並沒有任何足以支持的證據。

作者／ 李逆熵
編輯／ 米羔、阿丁
設計／ MariMariChiu

出版／ 格子盒作室 gezi workstation
郵寄地址：香港中環皇后大道中70號卡佛大廈1104室
臉書：www.facebook.com/gezibooks
電郵：gezi.workstation@gmail.com

發行／ 一代匯集
聯絡地址：九龍旺角塘尾道64號龍駒企業大廈10B&D室
電話：2783-8102
傳真：2396-0050

承印／ 美雅印刷製本有限公司
出版日期／2020年3月（增訂版 一初版）
ISBN／ 978-988-79669-7-5
定價／ HKD$88